Nucleinsäure-Blotting

In der Reihe „Labor im Fokus"
sind außerdem erschienen:

DNA-Fingerprinting von M. Krawczak und J. Schmidtke

***In situ*-Hybridisierung** von A. R. Leitch, T. Schwarzacher, D. Jackson und I. J. Leitch

Kultur tierischer Zellen von S. J. Morgan und D. C. Darling

PCR von C. R. Newton und A. Graham

Gentechnische Methoden von D. S. T. Nicholl

Genisolierung von E. Meese und A. Menzel

Transgene Tiere von J. Schenkel

Transgene Pflanzen von H.-H. Steinbiß

Antikörper-Techniken von E. Liddell und I. Weeks

Kultur von Mikroorganismen von S. Isaac und D. Jennings

Patch-Clamp-Technik von M. Numberger und A. Draguhn

Weitere Titel in Vorbereitung.

D. C. Darling und P. M. Brickell

Nucleinsäure-Blotting

Aus dem Englischen übersetzt
von Renate Pollwein

Spektrum Akademischer Verlag Heidelberg · Berlin · Oxford

Originaltitel: Nucleic Acid Blotting
Aus dem Englischen übersetzt von Renate Pollwein.
Englische Originalausgabe bei Oxford University Press, Oxford.
© Oxford University Press, 1994

This translation of *Nucleic Acid Blotting* originally published in English in 1994
is published by arrangement with Oxford University Press.

Diese Übersetzung von *Nucleic Acid Blotting* (Erstpublikation 1994 in englischer Sprache)
wird veröffentlicht in Übereinkunft mit Oxford University Press.

Die Deutsche Bibliothek – CIP-Einheitsaufnahme

Darling, David C.:
Nucleinsäure blotting / D. C. Darling und P. M. Brickell.
Aus dem Englischen übersetzt von Renate Pollwein.
Heidelberg ; Berlin ; Oxford : Spektrum, Akad. Verl., 1996
   (Labor im Fokus)
   Einheitssacht.: Nucleic acid blotting <dt.>
   ISBN 3-8274-0050-3
NE: Brickel, Paul M.:

© 1996 Spektrum Akademischer Verlag GmbH Heidelberg · Berlin · Oxford

Alle Rechte, insbesondere die der Übersetzung in fremde Sprachen, sind vorbehalten.
Kein Teil des Buches darf ohne schriftliche Genehmigung des Verlages photokopiert
oder in irgendeiner anderen Form reproduziert oder in eine von Maschinen verwendbare
Sprache übertragen oder übersetzt werden.

Es konnten nicht sämtliche Rechteinhaber von Abbildungen ermittelt werden.
Sollte dem Verlag gegenüber der Nachweis der Rechteinhaberschaft geführt werden,
wird das branchenübliche Honorar nachträglich gezahlt.

Lektorat: Ursula Loos, Marion Handgrätinger (Ass.)
Redaktion: Thomas Hoffmann
Produktion: Susanne Tochtermann
Umschlaggestaltung: Zembsch' Werkstatt, München
Gesamtherstellung: Kühn & Weyh, Freiburg
Druck und Verarbeitung: Franz Spiegel Buch GmbH, Ulm

Spektrum Akademischer Verlag Heidelberg · Berlin · Oxford

EIN VERLAG DER SPEKTRUM FACHVERLAGE GMBH

Inhalt

Vorwort		9
Einleitung		11
Danksagung		13
1.	**Wie alles begann**	**15**
1.1	Die Entwicklung von Blotting- und Hybridisierungstechniken	16
1.1.1	Southern-Blotting	18
1.1.2	Northern-Blotting	20
1.1.3	Weitere Fortschritte	21
1.2	Zu diesem Buch	23
1.3	Weitere Literatur	23
1.4	Laborsicherheit	24
1.5	Referenzen	24
2.	**Southern-Blotting I: Elektrophorese der DNA**	**27**
2.1	Verschiedene Quellen der DNA	29
2.1.1	Genomische DNA	30
2.1.2	Plasmid-DNA	31
2.1.3	λ- und Cosmid-DNA	33
2.1.4	YAC-DNA	33
2.1.5	PCR-DNA-Produkte	34
2.2	Vor dem Laden des Geles mit DNA	34
2.3	Gelherstellung und Gelelektrophorese	37
2.3.1	Agarose	37
2.3.2	Elektrophoresepuffer	38
2.3.3	Gießen des Geles	40
2.3.4	Zusammensetzen des Elektrophoresetanks	47
2.3.5	Auftragen der Proben	48
2.3.6	Die Gelelektrophorese	50
2.3.7	Sichtbarmachen der DNA durch UV-Strahlung	52
2.3.8	Fotografieren des Geles	53
2.3.9	Die Interpretation von Gelen	55
2.3.10	Was alles bei einer Elektrophorese schiefgehen kann	58

2.4	Weitere Literatur	59
2.5	Referenzen	59

3.	**Southern-Blotting II: Das Blotting**	**61**
3.1	Einseitig gerichtetes Kapillarblotting auf eine einzelne Membran bei neutralem pH	62
3.1.1	Vorbereiten des Geles für das Blotten	62
3.1.2	Zusammenbau des Blots	66
3.1.3	Abbau des Blots	72
3.1.4	Überprüfen der Transfereffizienz	73
3.1.5	Fixieren der DNA an die Membran	74
3.1.6	Lagerung von Membranen vor der Hybridisierung	76
3.2	Kapillarblotting auf mehrere Membranen bei neutralem pH	76
3.2.1	Einseitig gerichtetes Kapillarblotting auf mehrere Membranen	77
3.2.2	Zweiseitig gerichtetes Kapillarblotting	77
3.3	Kapillarblotting bei basischem pH	78
3.4	Weitere Blotting-Methoden	79
3.4.1	Elektrophoretischer Transfer (Elektroblotting)	79
3.4.2	Vakuumblotting und Überdruckblotting	82
3.4.3	Welche Blottingmethode sollte man anwenden?	84
3.5	Weitere Literatur	84
3.6	Referenzen	85

4.	**Elektrophorese von RNA und Northern-Blotting**	**87**
4.1	Wie unterscheidet sich das Northern-Blotting vom Southern-Blotting?	87
4.2	Welche Informationen kann ein Northern-Blot liefern?	90
4.3	Vergleich der Mengen einer mRNA-Spezies in verschiedenen Zelltypen	92
4.3.1	Auftragen gleicher RNA-Mengen	92
4.3.2	Quantifizierung	96
4.4	Gelelektrophorese von RNA-Proben	98
4.4.1	Gelsysteme	98
4.4.2	Formaldehydgele	99
4.4.3	Glyoxalgele	105

4.4.4	Längenmarker	108
4.5	Blotten des Geles	111
4.6	Weitere Literatur	112
4.7	Referenzen	112

5. Dot- und Slot-Blotting **115**

5.1	Was versteht man unter Dot-Blots und Slot-Blots?	115
5.1.1	Warum sollte man einen DNA-Dot/Slot-Blot durchführen?	118
5.1.2	Warum sollte man einen RNA-Dot/Slot-Blot durchführen?	120
5.2	Wie man einen Dot/Slot-Blot durchführt	120
5.2.1	Herstellung der Probe	121
5.2.2	Vorbehandlung der Membran	124
5.2.3	Zusammenbau der Saugapparatur	125
5.2.4	Auftragen der Probe	127
5.2.5	Blotten	127
5.2.6	Verarbeitung der Membran	128
5.3	Quantifizierung von Dot/Slot-Blots und Interpretation der Ergebnisse	129
5.4	Grenzen des Dot/Slot-Blottings	130
5.5	Weitere Literatur	132
5.6	Referenzen	132

6. Plaque- und Kolonie-Screening **133**

6.1	Screenen von λ-Plaques mit Hilfe der Benton-Davis-Methode	134
6.1.1	Das Plattieren	135
6.1.2	Herstellen von Membranabdrücken	145
6.1.3	Behandlung der Membranen vor der Hybridisierung	151
6.1.4	Eine kurze Bemerkung über Hybridisierungssonden	153
6.1.5	Orientieren von Membranen und Röntgenfilm vor der Autoradiographie	153
6.1.6	Identifizierung von Hybridisierungssignalen nach der Autoradiographie	155
6.1.7	Isolierung von Plaques	157

6.1.8	Weitere Screening-Runden	159
6.2	Bestimmen des Titers einer λ-Suspension	161
6.3	Screenen von bakteriellen Kolonien mit Hilfe der Grunstein-Hogness-Methode	161
6.3.1	Plattieren	163
6.3.2	Herstellung von Replikamembranen	165
6.3.3	Behandlung der Membranen vor der Hybridisierung	167
6.3.4	Eine weitere kurze Anmerkung über Hybridisierungssonden	170
6.3.5	Orientierung der Membranen und Röntgenfilme zueinander vor der Autoradiographie	170
6.3.6	Isolierung von Kolonien	172
6.4	Weitere Literatur	173
6.5	Referenzen	173

7. Filter und Membranen — 175

7.1	Die Vor- und Nachteile von Nitrocellulosefiltern und Nylonmembranen	177
7.1.1	Nylonmembranen sind physikalisch stabil	177
7.1.2	DNA und RNA binden kovalent an Nylonmembranen	177
7.1.3	Nylonmembranen haben eine hohe Bindungskapazität für Nucleinsäuren	178
7.1.4	Nylonmembranen sind hydrophil	178
7.1.5	Nylonmembranen behalten bei hohen Temperaturen ihre Größe und Form	178
7.1.6	Nylonmembranen sind nicht entflammbar	179
7.1.7	Nylonmembranen benötigen keine Lösungen mit hoher Ionenstärke, um Nucleinsäuren effizient zu binden	179
7.1.8	Nylonmembranen können einen stärkeren Hintergrund liefern als Nitrocellulosefilter, aber das kann man leicht beheben	179
7.1.9	Nylonmembranen sind manchmal „einseitig"	180
7.1.10	Nylonmembranen und Nitrocellulosefilter muß man vorsichtig behandeln	180
7.2	Welche Membran sollte man verwenden?	180
7.3	Referenzen	181

Glossar — **183**

Index — **189**

Vorwort

Blots würde man heute Geltransfers nennen, hätte nicht der Gutachter damals, als ich zum ersten Mal die Publikation mit der Beschreibung dieser Methode beim *Journal of Molecular Biology* einreichte, seine Ablehnung mit dem Fehlen bedeutender Ergebnisse begründet. Das Produzieren zusätzlicher Daten verzögerte die Veröffentlichung um mehrere Monate. In der Zwischenzeit nahm sich Mike Matthews eine Skizze auf einem Stück Papier nach einem Besuch in unserem Labor in Edingburgh nach Cold Spring Harbor mit. Er mußte versprechen, die Herkunft der Methode zu erwähnen, wenn sie sie verwendeten oder an Dritte weitergeben würden. Sie hielten sich sehr genau daran. Es war Mike, der die Methode „Blotting" taufte. Er wählte diesen Namen aufgrund der Ähnlichkeit des Verfahrens zum *blotting through* – dem Transfer von Nucleinsäurefragmenten von Nitrocellulosestreifen auf DEAE-Cellulosepapier oder TCL-Platten in der 2-D-Fingerprint-Methode von Fred Sanger. Das transferierte Material wurde anschließend in der Nucleinsäuresequenzierung eingesetzt. Trotz intensiver Anstrengungen, den Namen auszumerzen, hat er sich gehalten. Das, was auf dem Stück Papier von Mike Matthews stand, war wenig, verglichen mit den Einzelheiten, die in diesem Buch stehen. Und bezeichnenderweise war es die Cold Spring Harbor-Gruppe, die die ursprüngliche Methode verbesserte: Sie wandte sie auf das ganze Gel und nicht nur auf einzelne Streifen an und verwendete anstatt RNA jetzt DNA als Hybridisierungssonden. Sie verbesserte die Sensitivität so weit, daß Sequenzen, die im Genom nur in einer Kopie vorkommen, relativ leicht nachzuweisen sind. Es ist bemerkenswert, wie gut sich die ursprüngliche Technik gehalten hat, und obwohl erhebliche Veränderungen vorgenommen wurden – wie etwa die Verwendung von Nylonmembranen – paßten die meisten Weiterentwicklungen. Dazu gehört beispielsweise die Verwendung von billigen Papierhandtüchern anstelle von Chromatographiepapier für das Hochsaugen der Transferlösung und Milchpulver anstelle von Denhardts-Reagenz zum Unterdrücken des Hintergrundes. So sind es wahrscheinlich die Einfachheit und die niedrigen Kosten, die dieser Methode ihre Popularität und Anziehungskraft verleihen. Es ist offensichtlich für den Biologen höchst befriedigend, mit Hilfe von Lösungen mit hoher Salzkonzentration, einer dicken Scheibe vegetarischen Gelees und einem Stapel Papierhandtüchern zu einem bedeutenden Ergebnis zu kommen.

Dennoch gibt es Spielarten und Kniffe. Um durchweg gute Ergebnisse zu erzielen, sind exakte Messungen der Fragmentlängen sowie realistische Schätzungen der Häufigkeit einer Sequenz in einer Zielpopulation genauso notwendig, wie grundlegende Kenntnisse der Methode. Das vorliegende Buch haben Wissenschaftler geschrieben, die langjährige Erfahrung mit der Durchführung und dem Vermitteln der Methode haben. Sie versorgen den Interessierten mit allen Informationen, die man für eine erfolgreiche Anwendung benötigt.

E. M. Southern

Professor, Fakultät für Biochemie, Universität von Oxford

Einleitung

Das Nucleinsäure-Blotting und die Hybridisierungstechniken stellen wirklich „die Grundlagen" der Molekularbiologie dar. Beinahe jedes Forschungsprojekt, das sich mit der Untersuchung von DNA und RNA beschäftigt, bedient sich wahrscheinlich hier und da der Methode. Blotting- und Hybridisierungsdaten finden regelmäßig ihren Weg in wissenschaftliche Publikationen, doch diese veröffentlichten Ergebnisse stellen nur die Spitze eines riesigen Eisberges dar. Verborgen bleiben die vielen Hybridisierungsexperimente, die gemacht werden, um Bibliotheken zu screenen oder Subklonierungsexperimente zu überprüfen, ganz zu schweigen von denen, die in Ausbildungspraktika und Krankenhauslaboratorien durchgeführt werden. Neulinge in dieser Technik finden Anweisungen und Hilfe in den Laborhandbüchern und in Gebrauchsanweisungen, die die Anbieter von Blottingmembranen herausgeben. Warum also noch ein Buch über diese Technik schreiben? Aus zwei Gründen:

Erstens geben Handbücher klare Anweisungen, erklären aber selten die Ideen, die hinter den einzelnen Schritten eines Verfahrens stecken. Ähnliches gilt für manche erfahrene Molekularbiologen im Labor, die zwar oft gern Protokollblätter mit Eselsohren weitergeben, die sie selbst von früheren Generationen geerbt haben, sich aber ungern mit jemandem zusammen setzen, um die Methoden zu erklären.

Zweitens sind Handbücher und Protokollblätter häufig ziemlich puritanisch. Sie erzählen die offizielle Version, sagen aber nichts über die Kniffe und Abkürzungen. Sie unterscheiden nicht zwischen dem, was notwendig ist, und dem, was man weglassen kann. Ein Neuling kann diese Art von Information gewöhnlich „mittels Osmose" von anderen im Labor aufsaugen, aber das braucht seine Zeit.

Das Ziel dieses Buches ist daher, die Theorie hinter den Methoden verständlich zu machen und jeden so zu informieren, daß er die Methoden erfolgreich und effizient anwenden und vielleicht sogar verbessern kann. Wir haben auch immer darauf hingewiesen, wenn ein bestimmter Schritt in einem Protokoll zwar funktioniert, es aber keine plausible Erklärung dafür gibt. Außerdem haben wir versucht, die Gebräuche derjenigen Laboratorien wiederzugeben, in denen wir gearbeitet haben. Das ist nur ein Teil der vielen mündlichen Überlieferungen, die in Laboratorien rund um die Welt existieren, aber wir hoffen, sie sind hilfreich.

Als wir mit diesem Buch begannen, hatten wir vor, die Elektrophorese, das Blotten und die Hybridisierung von Nucleinsäuren zu erörtern. Wir fanden schnell heraus, daß es für *ein* Buch zu viel Stoff ist. Daher konzentrieren wir uns in diesem Buch auf die Elektrophorese und das Blotten von Nucleinsäuren und berichten davon, wie man Membranen mit DNA und RNA herstellt, die man später hybridisieren kann. Wir wünschen allen Lesern viel Glück bei der Anwendung der Methoden.

London
Juli 1994   P. M. B.

Danksagung

Unser Dank gilt den folgenden Kollegen in der Abteilung für medizinische Molekularbiologie für die freundliche Überlassung von Ergebnissen, die wir als Beispiele verwenden durften: Clara Ameixa (Abbildungen 2.15, 2.17 und 2.18), Tim Brown (Abbildungen 6.19 und 6.20), Lee Faulkner (Abbildung 5.6), Sarah Forbes-Robertson (Abbildungen 2.1, 2.3, 2.4, 6.13 und 6.21), Philippa Francis (Abbildung 4.2), Pantelis Georgiades (Abbildung 4.4), David Jackson (Abbildung 2.2), David Latchman (Abbildungen 1.6, 5.3 und 5.4), Torben Lund (Abbildungen 1.4 und 2.16), Eduardo Seleiro (Abbildung 1.5) und John Vincent (Abbildung 5.5). Zu Dank verpflichtet sind wir auch der Amersham International plc für die Bereitstellung der Fotografien für die Abbildungen 3.3, 6.3, 6.8 und 6.16, und Frau Charlotte Conyers von Amersham International für ihre Hilfe. Wir möchten uns auch bei Terry Brown für seine Unterstützung und konstruktive Kritik am Manuskript sowie bei den Mitarbeitern der Oxford University Press für ihre Unterstützung bedanken.

1.
Wie alles begann

Selbst die Genome der einfachsten Organismen sind extrem komplex. Die Analyse von komplexen Genomen bleibt eine der großen Herausforderungen der Biologie. Dieses Buch behandelt die Frage, wie man eine spezifische Nucleotidsequenz, beispielsweise ein einzelnes Gen innerhalb des menschlichen Genoms, aus einer sehr umfangreichen Mischung von Nucleinsäuren nachweist. Wir konzentrieren uns dabei auf die Elektrophorese und das Blotten von DNA und RNA. Mit Hilfe dieser Methoden haben wir viel über die Struktur komplexer Genome und die Struktur und Expression individueller Gene erfahren. Sie haben auch große praktische Bedeutung, bilden sie doch die Grundlagen für eine Reihe diagnostischer Methoden, die von Genetikern, Mikrobiologen und Pathologen angewendet werden.

Das HIV-Genom besteht aus etwa 9 700 Ribonucleotiden. Das haploide menschliche Genom umfaßt etwa 3×10^9 DNA-Basenpaare.

Ein typisches menschliches Gen repräsentiert etwa 1/200 000 des menschlichen Genoms.

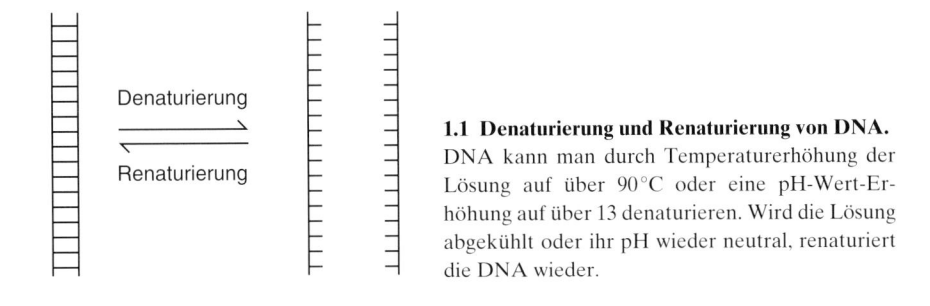

1.1 Denaturierung und Renaturierung von DNA. DNA kann man durch Temperaturerhöhung der Lösung auf über 90 °C oder eine pH-Wert-Erhöhung auf über 13 denaturieren. Wird die Lösung abgekühlt oder ihr pH wieder neutral, renaturiert die DNA wieder.

1.1 Die Entwicklung von Blotting- und Hybridisierungstechniken

Die Hybridisierung von Nucleinsäuren ist möglich, weil DNA-Moleküle aus zwei Strängen bestehen, die über Wasserstoffbrückenbindungen zwischen den komplementären Basen miteinander verbunden sind. Im Jahre 1960 berichteten Marmur, Doty und Kollegen, daß das Erhitzen von DNA-Molekülen in Lösung zu einer Dissoziation der beiden Stränge (Denaturierung) führt, und daß die anschließende, unter kontrollierten Bedingungen ablaufende Abkühlung ihre Reassoziation (Renaturierung) zur Folge hat, was Abbildung 1.1 veranschaulicht (Marmur und Lane 1960; Doty et al. 1960). Bald darauf erkannten diese beiden, wie auch andere Forscher, daß DNA-Stränge verschiedener Herkunft in Lösung reassoziieren und so Hybriddoppelstränge (Hybrid-Duplexe) bilden können. Beide Stränge müssen dafür komplementäre Sequenzen besitzen (Übersichtsartikel von McCarthy und Church 1970). Außerdem fand man heraus, daß DNA-Stränge auch mit komplementären RNA-Strängen Hybride bilden können. In den sechziger Jahren wurden diese „Flüssighybridisierungs"-Techniken verstärkt zur Untersuchung der Genstruktur und -expression eingesetzt. Solche Experimente führten beispielsweise zu der Entdeckung von hochrepetitiven Sequenzen in eukaryontischen Genomen (Britten und Kohne 1968) und von mRNA-Klassen unterschiedlicher Häufigkeit in eukaryontischen Zellen (Bishop et al. 1974).

Wasserstoffbrückenbindungen können relativ leicht aufgebrochen werden.

DNA kann man auch durch Erhöhung des pH-Wertes der Lösung denaturieren und durch pH-Absenkung wieder renaturieren.

Ein „Duplex" ist ein doppelsträngiges DNA-Molekül. Ein „Hybrid" ist ein Duplex, dessen beiden Stränge von verschiedenen DNA-Molekülen stammen. „Hybridisierung" nennt man den Prozeß der Hybrid-Bildung.

Eines der Probleme von DNA-RNA-Hybridisierungsexperimenten in Lösung war, daß die Reassoziation der beiden DNA-Stränge mit der Bildung von DNA-RNA-Hybriden konkurrierte. Eine Möglichkeit, dies zu umgehen, stellt die Bindung der denaturierten DNA-

Stränge an einen nicht löslichen Träger dar. Auf diese Weise können sie nicht mehr miteinander reassoziieren, wohl aber mit komplementären RNA-Strängen der umgebenden Lösung hybridisieren. Als man schließlich erkannte, daß DNA effizient an Nitrocellulosefilter bindet, setzte man verstärkt diese Filter ein. So entstanden die „Filterhybridisierungs"-Techniken, die zu einem wesentlichen Bestandteil der modernen Molekularbiologie wurden.

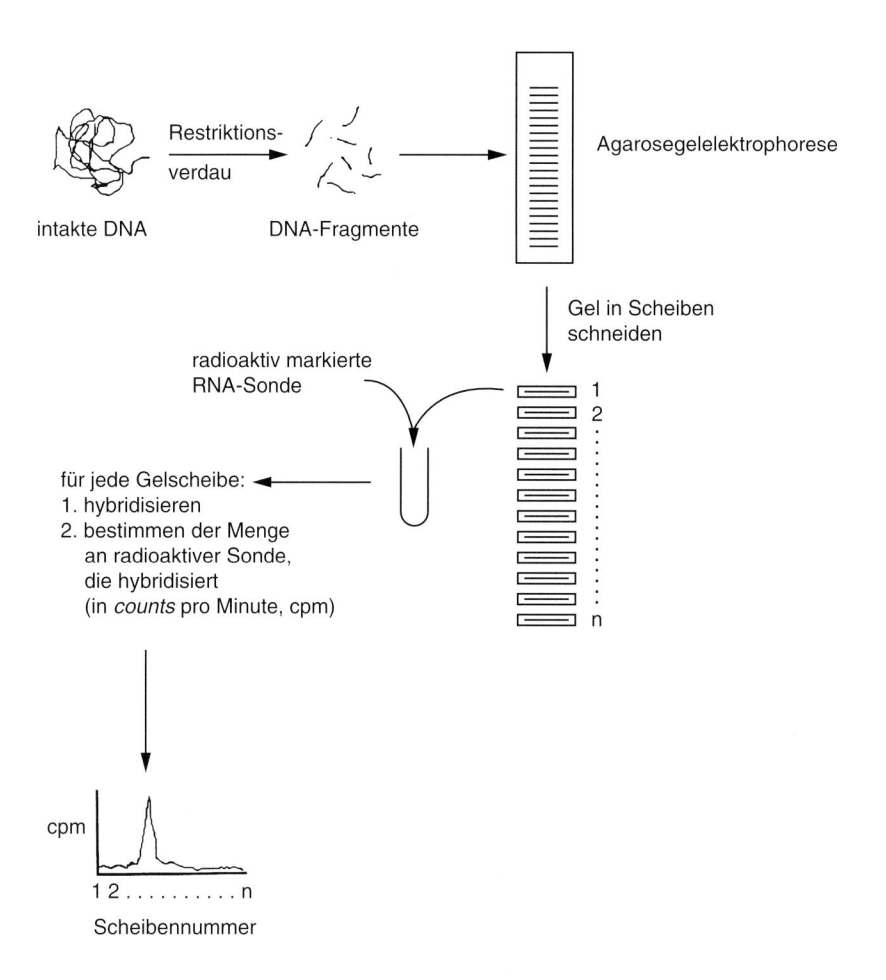

1.2 Hybridisierung von elektrophoretisch aufgetrennten Nucleinsäuren in den „schlechten alten Zeiten" vor Einführung des Southern-Blottings.

1.1.1 Southern-Blotting

In den frühen Siebziger Jahren entdeckte man, daß zum Spalten von langen DNA-Molekülen in kleinere Fragmente Restriktionsendonucleasen verwendet werden können. Mit Hilfe der Agarose- oder Polyacrylamidgelelektrophorese kann man die entstandenen Fragmente ihrer Länge nach auftrennen. Unter den Forschern, die diese neuen Methoden verwendeten, befanden sich auch jene, die die Struktur und Organisation von DNA-Sequenzen bestimmen wollten, welche in RNA transkribiert werden. Dazu mußten sie spezifische DNA-Fragmente identifizieren, die mit bestimmten RNA-Spezies hybridisierten. Ein typisches Experiment (Abbildung 1.2) würde so aussehen, daß man die DNA mit einer Restriktionsendonuclease verdaut und die Fragmente mittels eines Agarosegeles elektrophoretisch auftrennt. Danach schneidet man das Gel in Stücke, in denen sich DNA-Fragmente eines bestimmten Größenbereichs befinden. Anschließend eluiert man die DNA-Fragmente aus den Gelstücken und hybridisiert sie mit radioaktiv markierter RNA, entweder in Lösung oder nach Bindung der DNA-Fragmente an Nitrocellulose. Schließlich zählt man die Menge an Radioaktivität, die an die DNA-Fragmente eines jeden Gelstücks gebunden sind, und rekonstruiert so das Bild des Geles, um die Peak(s) der Radioaktivität zu lokalisieren. So erhält man eine grobe Schätzung der Länge der DNA-Fragmente, an die die radioaktiv markierte RNA gebunden hat.

Die Grenzen dieser Technik – und man erinnere sich, daß das DNA-Klonieren noch auf sich warten ließ – hatten zur Folge, daß man nur sehr häufige RNA-Spezies, wie etwa bestimmte virale mRNAs und zelluläre ribosomale RNAs, auf diesem Weg analysieren konnte. Die unzureichende Auflösung und die erschreckend viele Arbeit, die man in die Analyse all dieser Gelstücke investieren mußte, gab der Entwicklung einer verbesserten Methode großen Antrieb. Diese verbesserte Methode kam schließlich 1975, als Ed Southern ein Blottingverfahren beschrieb, das nun seinen Namen trägt. Bei dieser Methode (Abbildung 1.4) spaltete man eukaryontische genomische DNA mit einer Restriktionsendonuclease. Die Fragmente wurden anschließend in einem Agarosegel elektrophoretisch aufgetrennt und auf einen Streifen Nitrocellulosefilter übertragen. Danach hatte man die gebundene DNA mit ^{3}H-markierter ribosomaler 28S-RNA hybridisiert. Diese wurde *in vivo* markiert, indem man Zellen in Gegenwart von ^{3}H-markierten Vorläufern wachsen ließ, und anschließend mit Hilfe physikalischer Methoden aus den Zellen isolierte. DNA-Fragmente, die an markierte RNA hybridisierten, wurden durch Fluorographie der Nitrocellulosefilter sichtbar gemacht. Gleichzeitig mit der enorm schnellen Ausbreitung, die die Anwendung der DNA-Klonierungstechniken erfuhr, wurde auch das Southern-Blotting immer häufiger angewendet. Einer der frühen Erfolge dieser Technik, und vielleicht auch der entscheidenste, war die Entdeckung von Introns durch Jeffreys und Flavell 1977. Abbildung 1.3 zeigt das Ergebnis eines typischen Southern-Blots.

Nitrocellulosefolien wurden eigentlich zur Filtration entwickelt und zum Blotten zweckentfremdet. Auch die speziell für das Blotten hergestellten Nitrocellulosefolien werden Filter genannt. Für das Blotten produzierte Nylonfolien nennt man dagegen üblicherweise Membranen.

Die Fluorographie verwendet man zur Verstärkung von autoradiographischen Signalen, die von schwachen β-Strahlern wie ^{3}H, ^{14}C und ^{35}S abgegeben werden. Das Filter ist mit einer Chemikalie (einem Fluorit) beschichtet, das Licht emittiert, wenn es von β-Strahlen getroffen wird. Dieses Licht belichtet den Film.

Im Southern-Blotverfahren wird die DNA aus dem Gel auf ein Nitrocellulosefilter oder eine Nylonmembran übertragen.

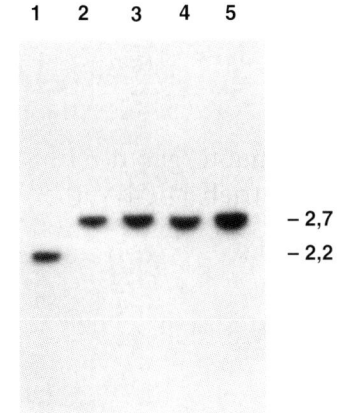

1.3 Ein Southern-Blot.
Genomische DNA von Mausstämmen (1–5) wurde mit *Pst*I verdaut, auf einem Agarosegel elektrophoretisch aufgetrennt, auf eine Nylonmembran geblottet und mit einer ^{32}P-markierten Sonde für das H-2Eα-Gen hybridisiert. Die Sonde weist einen Restriktionsfragmentlängen-Polymorphismus nach. Die Längen der DNA-Fragmente sind in Kilobasenpaaren angegeben (Lund *et al.* 1990).

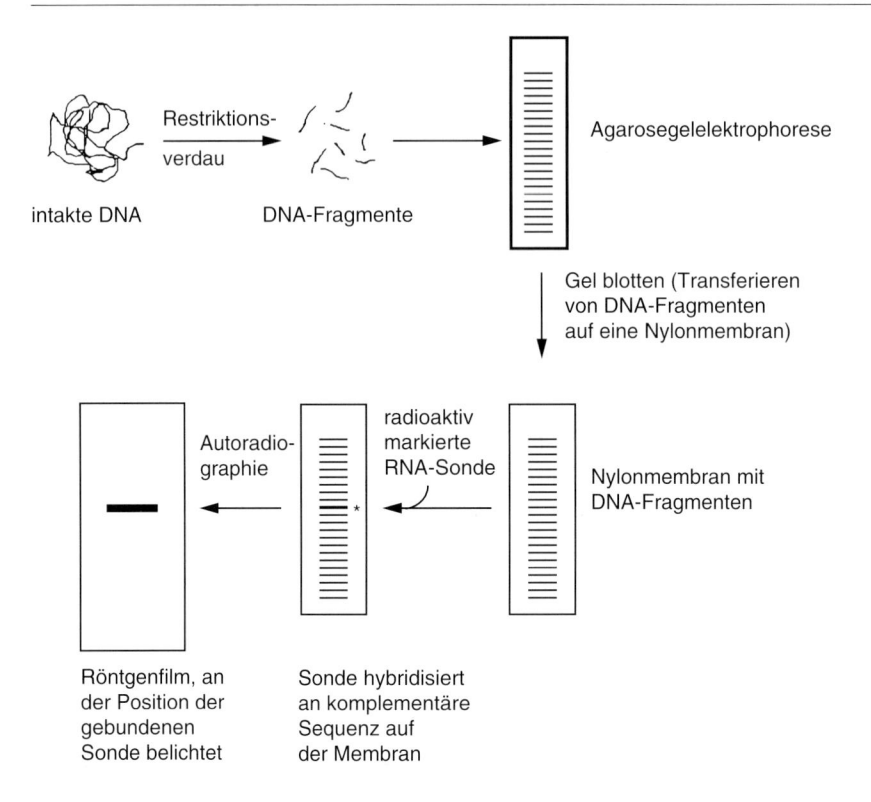

1.4 Southern-Blotting.

1.1.2 Northern-Blotting

In der Zwischenzeit haben andere Molekularbiologen die Methoden zum Blotten von RNA auf Filter perfektioniert. Nitrocellulosefilter binden RNA nur sehr schlecht. Man fand jedoch heraus, daß RNA kovalent an fein verteilte Cellulosepartikel bindet, an die Diazobenzyloxymethyl-Gruppen (DBM-Gruppen) gekoppelt wurden („Derivatisierung"). So entwickelte man eine Methode zur Übertragung von RNA auf Cellulosefilterpapierfolien, die mit DBM derivatisiert waren (Alwine *et al.* 1977). Dieses Verfahren wurde sehr schnell als Northern-Blotting bekannt – ein angeblich ungewollter Scherz, zu dessen Entstehung sich niemand bekannte. Abbildung 1.5 zeigt das Ergebnis eines typischen Northern-Blots.

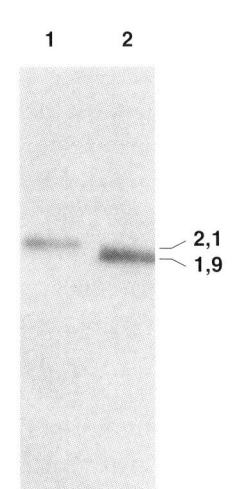

1.5 Ein Northern-Blot.
Polyadenylierte RNA vom Auge (1) und von der Leber (2) eines Hühnerembryos wurde auf einem Agarosegel elektrophoretisch aufgetrennt, auf eine Nylonmembran geblottet und mit einer ^{32}P-markierten Sonde für die Retinolsäure-X-Rezeptor-γ-mRNA hybridisiert. Die Sonde weist eine mRNA von 2,1 Kilobasen im Auge und eine Gruppe von mRNAs (1,9–2,1 Kilobasen) in der Leber nach.

1.1.3 Weitere Fortschritte

Bis man das volle Potential dieser Blotting-Methoden erkannte, mußten eine Reihe weiterer Entwicklungen stattfinden. Am wichtigsten war hierbei die Entwicklung einer Methode für die *in vitro*-Synthese von radioaktiv markierten Nucleinsäuresonden mit hoher Spezifität. Die von Rigby *et al.* (1977) beschriebene „Nick-Translation" wurde zur Standardmethode für die Markierung doppelsträngiger DNA mit ^{32}P und blieb die am häufigsten verwendete Methode, bis Feinberg und Vogelstein 1984 die „Random-Priming"-Methode entwickelten. Mittlerweile entstanden auch Methoden zur Markierung einzelsträngiger DNA und RNA mit hoher spezifischer Aktivität. Von ebenso großer Bedeutung war die Entwicklung empfindlichster Autoradiographietechniken zum Nachweis von ^{32}P und anderen Isotopen (Laskey und Mills 1977).

Die klassische Veröffentlichung von Rigby *et al.* (1977) beginnt mit der Beschreibung, wie man ^{32}P-markierte Desoxynucleosid-Triphosphate selbst herstellt, angefangen mit Desoxynucleosiden und 50 mCi ^{32}P-markiertem H_3PO_4. Glücklicherweise sind diese Zeiten vorbei.

Die Filterimmobilisierung hat man unter anderem für den Nachweis von rekombinierten Plasmiden in bakteriellen Kolonien adaptiert (Grunstein und Hogness 1975) und später auch für den Nachweis von rekombinierten Bakteriophagen in viralen Plaques (Benton und Davis 1977). Eine verwandte Methode zur Immobilisierung von DNA und RNA auf Filter ohne vorherige Auftrennung wurde als „Dot-Blotting" bekannt, eine spätere Modifikation nannte man schließlich „Slot-Blotting".

Etwas jüngeren Datums ist die Entwicklung der „Western-Blot"-Methode zur Übertragung von Proteinen von SDS-Polyacrylamidgelen auf Nitrocellulosefilter. Auf diese Weise kann man Proteine mit markierten Antikörpern oder anderen proteinbindenden Molekülen nachweisen (Towbin et al. 1979). Abbildung 1.6 zeigt das Ergebnis eines typischen Western-Blots. Damit konnte man auch DNA-Sequenzen identifizieren, die Kernproteine binden, indem man doppelsträngige DNA-Moleküle von Agarosegelen auf Filter transferierte und sie mit markierten, aus Zellkernen extrahierten Proteinen inkubierte. Dieses Verfahren wird „South-Western-Blotting" genannt. Eine Methode zum Blotten polyadenylierter mRNA von Agarosegelen auf Cellulosefilterpapier, gekoppelt mit Polyuridylsäure, die an der Universität von Tel Aviv entwickelt wurde, erfreute sich als „Middle-Eastern-Blotting" nur eines kurzen Ruhmes. Diese Methoden werden in diesem Buch nicht beschrieben. Wir wollen sie aber erwähnen, um zu zeigen, um wieviel langweiliger die Welt gewesen wäre, hätte jemand namens Smith den Southern-Blot erfunden.

„Western-Blotting" ist eine Technik zum Transfer von Proteinen aus einem Gel auf ein Nitrocellulosefilter.

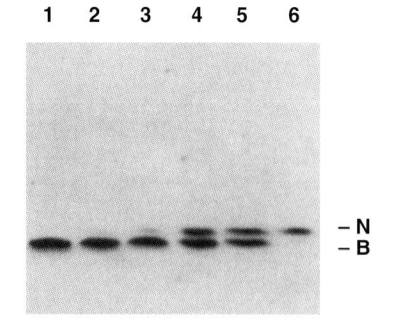

1.6 Ein Western-Blot.
Aus Rattenhirn wurden zu verschiedenen Zeitpunkten der Embryonalentwicklung Proteine isoliert: Im Embryonalstadium Tag 16 (1), 17 (2) und 18 (3), nach der Geburt Tag 2 (4) und 7 (5) und im adulten Stadium (6). Die Proteine wurden auf einem SDS-Polyacrylamidgel elektrophoretisch aufgetrennt, auf Nitrocellulose geblottet und mit Antiserum gegen zwei verwandte Proteine, SmN und SmB, inkubiert (Grimaldi et al. 1993).

Die Ausbreitung der Blot-Techniken stimulierte die Entwicklung und die Verfeinerung neuer fester Träger, auf die man DNA und

RNA übertragen konnte. Insbesondere führte man Nylonmembranen ein, um einige Probleme zu lösen, die sich aus der Verwendung von Nitrocellulosefiltern ergaben. Heute stehen eine große Zahl von Nitrocellulosefiltern und Nylonmembranen zur Verfügung.

1.2 Zu diesem Buch

In den nächsten fünf Kapiteln werden wir die große Auswahl an Methoden zur Immobilisierung von Nucleinsäuren auf Membranen beschreiben. Wir werden uns mit der DNA-Elektrophorese (Kapitel 2) und dem Southern-Blotting (Kapitel 3), der RNA-Elektrophorese und dem Northern-Blotting (Kapitel 4), dem Dot- und Slot-Blotting (Kapitel 5), dem Benton-Davis- und dem Grunstein-Hogness-Screening von Bakterienkolonien und Bakteriophagenplaques (Kapitel 6) beschäftigen. Die verschiedenen heute erhältlichen Nitrocellulosefilter und Nylonmembranen sowie die Faktoren, die über deren Einsatz in bestimmten Fällen entscheiden, werden wir in Kapitel 7 behandeln. Hat man Membranen einmal mittels einer der in den Kapiteln 2 bis 6 beschriebenen Methoden präpariert, sind sich die Verfahren zum Nachweis von immobilisierten Sequenzen durch Hybridisierung mit Nucleinsäuren sehr ähnlich.

1.3 Weitere Literatur

Es folgen nun allgemeine Laborhandbücher, die detaillierte Verfahrensprotokolle enthalten, die wir auch in diesem Buch beschreiben. Der relevante Teil jedes Handbuchs wird am Ende jedes Kapitels zitiert.

Berger, S. L., Kimmel, A. R. (Hrsg.) (1987). Guide to molecular cloning techniques. *Methods in Enzymology*, 152.

Perbal, B. (1988). *A practical guide to molecular cloning* (2. Auflage). Wiley, New York.

Sambrook, J., Fritsch, E. F., Maniatis, T. (1989). *Molecular Cloning: a laboratory manual* (2. Auflage). Cold Spring Harbor Laboratory Press.

Dieses dreibändige Handbuch ist das kompakteste von allen. Es ist allgemein bekannt als „Maniatis", weil die erste Auflage unter Maniatis *et al.* erschienen war.

1.4 Laborsicherheit

Perbal, B. (1988). *A practical guide to molecular cloning* (2. Auflage), S. 4–10. Wiley, New York.

Zoon, R. A. (1987). Safety with ^{32}P- and ^{35}S-labeled compounds. *Methods in Enzymology*, 152, 25–29.

1.5 Referenzen

Alwine, J. C., Kemp, D. J., Stark, G. R. (1977). Method for detection of specific RNAs in agarose gels by transfer to diazobenzyloxymethyl-paper and hybridization with DNA probes. *Proceedings of the National Academy of Sciences*, USA, 74, 5350–5354.

Benton, W. D., Davis R. W. (1977). Screening λgt recombinant clones by hybridization to single plaques in situ. *Science*, 196, 180–182.

Bishop, J. O., Morton, J. G., Rosbash, M., Richardson, M. (1974). Three abundance classes of HeLa cell messenger RNA. *Nature*, 250, 199–204.

Britten, R. J., Kohne, E. D. (1968). Repeated sequences in DNA. *Science*, 161, 529–540.

Doty, P., Marmur, J., Eigner, J., Schildkraut, C. (1960). Strand separation and specific recombination in deoxyribonucleic acids: physical chemical studies. *Proceedings of the National Academy of Sciences*, USA, 46, 461–476.

Feinberg, A. P., Vogelstein, B. (1984). A technique for radiolabeling DNA restriction endonuclease fragments to high specific activity. *Analytical Biochemistry*, 137, 266–267.

Grimaldi, K., Horn, D. A., Hudson, L. D., Terenghi, G., Barton, P., Polak, J. M., Latchman, D. S. (1993). Expression of the SmN splicing protein developmentally regulated in the rodent brain but not in the rodent heart. *Developmental Biology*, 156, 319–323.

Grunstein, M., Hogness, D. S. (1975). Colony hybridization: a method for the isolation of cloned DNAs that contain a specific gene. *Proceedings of the National Academy of Sciences*, USA, 72, 3961–3965.

Jeffreys, A. J., Flavell, R. A. (1977). The rabbit β-globin gene contains a large insert in the coding sequence. *Cell*, 12, 1097–1108.

Laskey, R. A., Mills, A. D. (1977). Enhanced autoradiographic detection of ^{32}P and ^{125}J using intensifying screens and hypersensitized film. *FEBS Letters*, 82, 314–316.

Lund, T., Simpson, E., Cooke, A. (1990). Restriction fragment length polymorphisms in the major histocompatibility complex of the non-obese diabetic mouse. *Journal of Autoimmunity*, 3, 289–298.

Marmur, J., Lane, D. (1960). Strand separation and specific recombination in deoxyribonucleic acids: biological studies. *Proceedings of the National Academy of Sciences*, USA, 46, 453–461.

McCarthy, B. J., Church, R. B. (1970). The specificity of molecular hybridization reactions. *Annual Reviews of Biochemistry*, 39, 131–150.

Rigby, P. W. J., Dieckmann, M., Rhodes, C., Berg, P. (1977). Labeling deoxyribonucleic acid to high specific activity *in vitro* by nick translation with DNA polymerase I. *Journal of Molecular Biology*, 113, 237–251.

Southern, E. M. (1975). Detection of specific sequences among DNA fragments separated by gel electrophoresis. *Journal of Molecular Biology*, 98, 503–517.

Towbin, H., Staehelin, T., Gordon, J. (1979). Electrophoretic transfer of proteins from polyacrylamide gels to nitrocellulose sheets: procedure and some applications. *Proceedings of the National Academy of Sciences*, USA, 76, 4350–4354.

Wreschner, D. H., Herzberg, M. (1984). A new blotting medium for the simple isolation and identification of highly resolved messenger RNA. *Nucleic Acids Research*, 12, 1349–1359.

2.
Southern-Blotting I: Elektrophorese der DNA

Beim Southern-Blotting (Southern 1975) handelt es sich um ein Verfahren, daß für die Übertragung einzelsträngiger DNA und denaturierter doppelsträngiger DNA von einem Agarosegel auf eine Nylonmembran oder ein Nitrocellulosefilter entwickelt wurde. Die übertragene DNA ist fest an die Membran gebunden, kann aber immer noch mit einer markierten Nucleinsäuresonde hybridisieren. Das Verfahren kann man auch für die Übertragung von DNA von einem Polyacrylamidgel (Smith *et al.* 1984) modifizieren, was wir allerdings nicht im Detail erörtern werden. Die Schritte, die zum Southern-Blotting eines Agarosegeles gehören, sind:

1. Herstellen der DNA-Proben für die Elektrophorese,
2. Agarosegelelektrophorese,
3. Vorbereitung des Agarosegeles für das Blotting,
4. das Blotting und
5. fixieren der DNA an der Membran.

Die Agarosegele, die man für das Southern-Blotting verwendet, bestehen aus horizontalen Agaroscheiben. Zu ihrer Herstellung löst man Agarosepulver durch Kochen in einem geeigneten Puffer auf, gießt das flüssige Gel in eine Gelgießform aus Plastik und läßt es erstarren. Um Taschen für die DNA-Proben im Gel zu erzeugen, verwendet man einen Plastikkamm. Das erstarrte Gel besteht aus einem Netzwerk von Agarosemolekülen mit einer Porengröße, die von der Agarosekonzentration abhängt. Man taucht das Gel in Laufpuffer ein und lädt die DNA-Proben in die Geltaschen. Anschließend legt man ein elektrisches Feld an, in dem die negativ geladenen DNA-Moleküle zum positiven Pol wandern. Die Geschwindigkeit, mit der lineare DNA-Moleküle im Gel wandern, hängt von ihrer Länge ab. Längere Moleküle wandern langsamer als kürzere, da es für sie schwieriger ist, durch die Poren hindurch zu gelangen. So werden DNA-Moleküle anhand ihrer Länge im Gel getrennt. Sichtbar macht man die DNA, indem man Ethidiumbromid direkt in das Gel gibt oder das Gel nach der Elektrophorese in einer Ethidiumbromidlösung färbt. Ethidiumbromid ist ein Fluoreszenzfarbstoff, der zwischen zwei benachbarte Basen interkaliert und sie so unter ultraviolettem (UV-) Licht sichtbar macht (Abbildung 2.1).

Agarose ist ein lineares Polysaccharid aus Meeresalgen.

Die Wanderungsgeschwindigkeit von linearen DNA-Molekülen ist umgekehrt proportional zum $\log_{10}$ deren Länge in Basenpaaren.

Die Art und Weise, wie man die Agarosegelelektrophorese durchführt, hängt zum Teil davon ab, woher die DNA-Proben stammen. Daher werden wir zuerst die verschiedenen Arten von DNA besprechen, die man höchstwahrscheinlich verwendet, und wie man sie behandeln sollte.

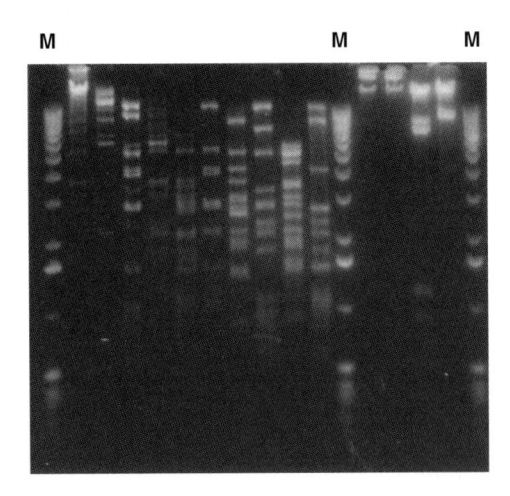

2.1 Proben eines Cosmid-Klones mit genomischer DNA wurden mit Restriktionsendonucleasen verdaut und auf einem ethidiumbromidhaltigen Agarosegel elektrophoretisch aufgetrennt. Auf dem Durchlichtgerät werden DNA-Fragmente als leuchtende Banden sichtbar. Die mit M gekennzeichneten Spuren enthalten DNA-Längenmarker („1-kb-DNA-Leiter" von Gibco-BRL).

2.1 Verschiedene Quellen der DNA

Wir nehmen einmal an, daß Sie schon DNA mit guter Qualität isoliert haben. DNA kann unterschiedlichen Ursprungs sein und in vielen verschiedenen Formen vorkommen. Höchstwahrscheinlich verwenden Sie eine der folgenden DNAs:

- Genomische DNA: Das primäre genetische Material der meisten Organismen. Ist sie ungeschnitten, kann die extrahierte genomische DNA außergewöhnlich lange Moleküle enthalten, typischerweise länger als 1 000 kb (Birnboim 1992; Gross-Bellard et al. 1973; Guidet und Langridge 1992). Wird sie mit Restriktionsenzymen geschnitten, können die DNA-Fragmente zwischen 10–20 bp und mehr als 1 000 kb lang sein.

1 bp = 1 Basenpaar
1 kb = 1 Kilobasenpaar = 1 000 Basenpaare
1 Mb = 1 Megabasenpaar = 1 000 kb

- Plasmid-DNA: Kleine ringförmige, in Bakterien vermehrte DNA-Moleküle. Diese können recht lang sein (bis zu 200 kb), aber meistens verwendet man Plasmide mit einer Größe zwischen 2 und 10 kb.

Plasmidvektoren verwendet man gewöhnlich zum Herstellen von cDNA-Bibliotheken sowie für das Klonieren von cDNA-Fragmenten und Fragmenten aus genomischer DNA.

- Bakteriophagen λ-DNA: Lineare DNA-Moleküle von etwa 50 kb, die sich als Viren vermehren, welche Bakterien infizieren.

Bakteriophagen λ-Vektoren verwendet man zur Herstellung von cDNA- und genomischen Bibliotheken.

- Cosmid-DNA: Ringförmige Plasmide, die die terminalen Cos-Sequenzen vom Bakteriophagen λ enthalten (Ish-Horowitz und Burke 1981). Rekombinierte Cosmide haben eine Länge von etwa 50 kb.

> Cosmid-Vektoren verwendet man zur Herstellung genomischer Bibliotheken.

- Künstliche Hefechromosomen-DNA (*Yeast artificial chromosome*, YAC): Plasmide, die man als Chromosomen in Hefe vermehren kann (Burke *et al.* 1987). Rekombinierte YACs sind gewöhnlich einige hundert kb lang und können sogar 1 Mb Länge übersteigen.

> YAC-Vektoren verwendet man zur Konstruktion von genomischen Bibliotheken. Der Vorteil von YAC-Vektoren liegt unter anderem darin, daß für eine „vollständige" Bibliothek nur relativ wenige Klone notwendig sind.

- PCR-DNA-Produkte: DNA-Fragmente, die durch Amplifikation in einer Polymerase-Kettenreaktion entstehen. Sie können bis zu 3 kb lang sein.

Die DNA, die man verwendet, kann daher 20 bp klein oder einige hundert kb lang sein. Für die Elektrophorese von DNA-Molekülen von so unterschiedlicher Länge sind unterschiedliche Strategien erforderlich. Insbesondere muß man entscheiden, wieviel DNA man auf das Gel lädt und welche Agarosekonzentration man für das Gel benötigt.

2.1.1 Genomische DNA

Zunächst muß man eine geeignete Menge an genomischer DNA mit einem Restriktionsenzym verdauen (Bhagwat 1992). Wir werden uns nicht mit grundsätzlichen Aspekten der Durchführung von Restriktionsverdaus befassen, sondern nur mit den Punkten, die für die darauffolgende Agarosegelelektrophorese wichtig sind.

Die DNA-Menge, die man verdauen sollte, hängt vom Ziel des jeweiligen Experiments ab. Will man das Southern-Blotting zum Nachweis einer Sequenz einsetzen, die im Säugetiergenom in nur einer Kopie vorliegt, und eine standardmäßig radioaktiv markierte Sonde von einigen hundert Basenpaaren Länge verwenden, sollte man 10–20 μg verdaute DNA in Standardgeltaschen (für gewöhnlich 3 × 1 mm) laden. Wir finden, daß man schärfere Banden bekommt, wenn man breitere Geltaschen wählt. Diese kann man beispielsweise durch das Zusammenkleben von zwei Zähnen des Gelkammes erhalten. In diesem Fall sollte man verhältnismäßig mehr DNA pro Geltasche einsetzen. Möchte man eine sehr kurze Sonde verwenden, beispielsweise ein markiertes Oligonucleotid, muß man mehr DNA auftragen, da die Sensitivität dieser Methode, verglichen mit einer langen Sonde, niedriger ist. Für solche Experimente sollte man 30–50 µg verdaute DNA in einer Geltasche von 3 × 1 mm einsetzen.

Lädt man allerdings zu viel DNA auf das Gel, erhält man Banden mit schlechter Qualität.

Es ist ratsam, vor der Elektrophorese für den Southern-Blot zu prüfen, ob der Restriktionsverdau vollständig abgelaufen ist. Zu diesem Zweck nimmt man eine kleine Menge ab – etwa 0,5 µg DNA – fügt Auftragspuffer hinzu und trennt die Probe parallel mit einer Probe unverdauter genomischer DNA auf einem kleinen Agarosegel (beispielsweise 10 × 10 cm) elektrophoretisch auf. Die Merkmale, die man bei der elektrophoretisch aufgetrennten Probe beachten muß, sind in Kapitel 3.9.1 aufgeführt.

Sofern die genomische DNA vollständig verdaut ist, gibt man zum restlichen Verdaugemisch nur noch Auftragspuffer hinzu und lädt die gesamte Probe, wie in Abschnitt 3.5 beschrieben, auf das Gel, das geblottet werden soll. Jedoch könnte dabei ein Problem auftreten. Oft wird genomische DNA am besten bei niedrigen DNA-Konzentrationen verdaut. Daher kann es vorkommen, daß das Volumen des Verdaus zu groß ist und nicht in die Geltasche paßt. Wenn dies der Fall ist, kann man die verdaute DNA durch Ethanolfällung konzentrieren und sie in einem geeigneten kleinen Volumen Auftragspuffer wieder auflösen. Dabei muß man sicherstellen, daß kein Ethanol in der DNA-Lösung verbleibt. Sonst schwimmt die DNA während des Ladens aus der Geltasche, was äußerst ärgerlich ist. Um sicherzugehen, daß das gesamte Ethanol entfernt ist, sollte man die präzipitierte DNA sorgfältig trocknen, bevor sie wieder in Lösung gebracht wird. Dazu kann man die wieder gelöste DNA vor dem Auftragen auch für 10 Minuten bei 70 °C inkubieren.

2.1.2 Plasmid-DNA

Die Menge an Plasmid-DNA, die man auftragen sollte, hängt von der Länge der zu untersuchenden Insertion ab. Besteht zum Beispiel das rekombinierte Plasmid aus einem Vektor von 3 kb und einer Insertion von 1 kb, erhält man von 1 μg verdaute Plasmid-DNA nur 250 ng klonierte DNA. Entsprechend ergibt 1 μg des verdauten Plasmids nur 77 ng Insert-DNA, wenn das Insert nur 250 bp lang ist. In der Praxis ist es meistens am günstigsten, 1–2 μg verdaute Plasmid-DNA pro Geltasche aufzutragen. Dabei sollten Inserts aller Größenordnungen leicht in einem Southern-Blot nachgewiesen werden können, selbst wenn sehr kleine Inserts auf einem mit Ethidiumbromid gefärbten Gel möglicherweise schwer zu sehen sind.

Bei einem genomischen Southern-Blot ist das DNA-Fragment, mit dem die Sonde hybridisiert, nur in begrenzten Mengen vorhanden. Bei Plasmid-Southern-Blots ist dies nicht der Fall. Hier kann man zu guten Ergebnissen kommen, wenn man Sonden mit geringer spezifischer Aktivität und kurze Belichtungszeiten wählt.

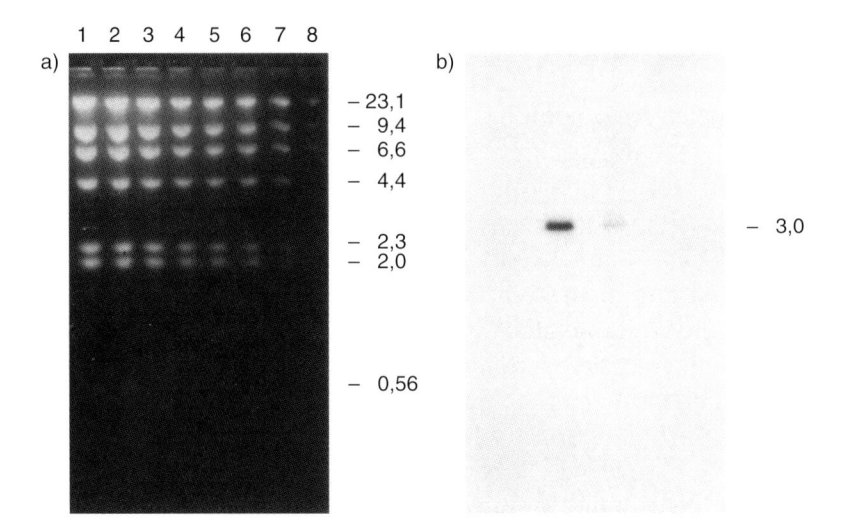

2.2 a) Verschiedene Mengen von *Hin*dIII-verdauter λ-DNA wurden auf einem Agarosegel elektrophoretisch aufgetrennt. Die Längen der DNA-Fragmente sind in kb angegeben. Ein 125 bp-Fragment ist in allen Spuren vorhanden, aber nicht sichtbar. Das 560 bp-Fragment ist in den Spuren 6, 7 und 8 vorhanden, aber nicht zu sehen. Auch die 2 kb- und 2,3 kb-Fragmente, die in der Spur 8 sind, kann man nicht sehen. Die längeren Fragmente in den Spuren 1, 2 und 3 sind überladen. Die Spuren 3 und 4 enthalten neben λ-DNA auch 1 ng bzw. 100 pg linearisierte Plasmid-DNA. Das 3 kb-lange Plasmid ist in keiner Spur zu sehen. b) Das in a gezeigte Gel wurde auf eine Nylonmembran geblottet und mit radioaktiv markierter DNA hybridisiert, die die Plasmid-DNA in den Spuren 3 und 4 nachweist, obwohl diese auf dem Gel nicht zu sehen ist.

2.1.3 λ- und Cosmid-DNA

Klone, die man in λ-Substitutions- oder Cosmid-Vektoren eingebaut hat, machen aufgrund der enormen Länge ihrer Inserts spezielle Probleme. Verdaut man diese Vektoren mit Restriktionsenzymen, erhält man von der Insert-DNA möglicherweise multiple Fragmente, die im Fall von λ-Vektoren zwischen 10 bis 20 bp und bis nahezu 20 kb (Abbildung 2.2), im Fall von Cosmid-Vektoren etwa 40 kb (Abbildung 2.1) lang sind. Oft ist es nicht möglich, all diese Fragmente auf einem einzigen Gel voneinander zu trennen. Außerdem kann es leicht passieren, daß potentiell interessante Fragmente am unteren Rand aus dem Gel herauslaufen, da sie möglicherweise zu klein sind und so nicht sichtbar gemacht werden können (Abbildung 2.2). Eine Möglichkeit, dieses Problem zu lösen, besteht darin, einen Teil der verdauten Probe über eine längere Zeit elektrophoretisch aufzutrennen, um die größeren Fragmente vollständig zu trennen, und mit dem Rest der Probe eine zeitlich kürzere Elektrophorese durchzuführen, um die kürzeren Fragmente zu erhalten. Dies kann man mit ein und demselben Gel durchführen, wenn man die Zeitpunkte für das Auftragen der Proben staffelt. Man erinnere sich, daß man nur 20 ng des gewünschten Fragments erhält, wenn die Länge dieses Fragments 1 kb beträgt, der Vektor mit dem Insert zusammen 50 kb lang sind und nur 1 μg der verdauten DNA aufgetragen wird. Diese Menge kann man durch Southern-Blotting und Hybridisierung ohne weiteres nachweisen. Dagegen ist sie in einem mit Ethidiumbromid gefärbten Gel nicht sichtbar. Eine ähnliche Situation ergibt sich, wenn man λ-Insertionsvektoren verwendet, in denen das Insert nur einen kleinen Teil des gesamten rekombinierten DNA-Moleküls ausmacht.

2.1.4 YAC-DNA

YAC-DNA kann so lang sein, daß zu ihrer Analyse spezielle Elektrophoreseverfahren notwendig sind. Neue Methoden der DNA-Technik, wie etwa die Pulsfeld-Gelelektrophorese (PFGE; Smith und Cantor 1986), sind dafür entwickelt worden, die die Analyse von diesen und anderen sehr langen DNA-Molekülen ermöglichen. Solche Moleküle kann man mit modifizierten Versionen der Standardmethoden blotten und hybridisieren. Diese Modifikationen werden wir hier allerdings nicht besprechen.

2.1.5 PCR-DNA-Produkte

Amplifizierte DNA-Produkte aus einer PCR können bis zu 3 kb, manchmal auch länger sein. Aufgrund der Grenzen der PCR sind sie allerdings selten länger. Mit Hilfe der PCR kann man ein einzelnes Fragment, mehrere Fragmente oder einen Schmier von Fragmenten erzeugen, je nachdem, welche Art von PCR man durchführt. Diese Produkte bedürfen vor dem Auftragen auf das Gel keiner weiteren Behandlung.

Überschüssige Oligonucleotidprimer laufen am unteren Ende des Geles.

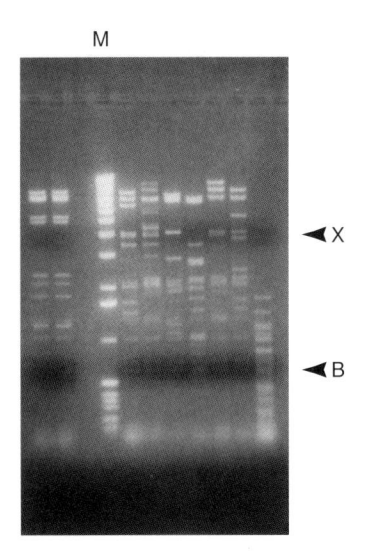

2.3 0,8-prozentiges Agarosegel mit elektrophoretisch aufgetrennter DNA.
Die Fotografie ist überbelichtet, um die Farbstoffe Xylencyanol-FF (X) und Bromphenolblau (B) des Ladepuffers zu zeigen. Ein Vergleich mit dem Längenmarker zeigt, daß auf diesem Gel Xylencyanol-FF auf gleicher Höhe mit einem DNA-Fragment der Länge 4 kb und das Bromphenolblau auf gleicher Höhe mit einem der Länge 600 bp läuft.

2.2 Vor dem Laden des Geles mit DNA

Sobald man die richtige DNA-Menge verdaut hat, fügt man den Auftragspuffer hinzu. Diesen setzt man normalerweise sechsfach oder zehnfach gegenüber der Endkonzentration an. Hat man die DNA in einem Volumen von 10 μl verdaut, sollte man dementsprechend 2 μl eines sechsfach konzentrierten Puffers oder 1,1 μl eines zehnfach konzentrierten Puffers hinzufügen.

Auftragspuffer enthalten einen oder mehrere Farbstoffe, mit deren Hilfe man beobachten kann, ob man die gesamte Probe ohne Überlaufen in die Geltasche füllt. Ferner kann man auf einen Blick das Fortschreiten der Elektrophorese überschauen. Am häufigsten verwendet man Bromphenolblau, Xylencyanol-FF oder Orange G allein oder in Kombination. Während der Elektrophorese wandern diese Farbstoffe mit einer charakteristischen Geschwindigkeit und analog den DNA-Fragmenten vom negativen zum positiven Pol. Die Länge eines DNA-Fragments, mit dem ein Farbstoff auf gleicher Höhe wandert, hängt von den Pufferbedingungen, der Agarosekonzentration und sogar von der Sorte der Agarose ab. In Abbildung 2.3 laufen Xylencyanol-FF und Bromphenolblau auf gleicher Höhe mit DNA-Fragmenten, die jeweils etwa 4 000 und 600 Basenpaare lang sind. Auftragspuffer enthalten auch Saccharose, Glycerin oder Ficoll, damit die Probe dichter als Wasser ist und sie beim Auftragen auf das in den Laufpuffer eingetauchte Gel auf den Grund der Geltasche sinkt. Dies erleichtert das Beladen.

Anstatt jedesmal den Laufpuffer frisch anzusetzen, kann man einen Puffervorrat anlegen. Dabei muß man allerdings sehr vorsichtig sein, diese Stammlösung nicht mit DNA zu kontaminieren. Insbesondere Spuren von kontaminierender Plasmid-DNA, die man nach Ethidiumbromid-Färbung des Geles nicht sehen kann, könnte man nach dem Southern-Blotting und der Hybridisierung mit einer Sonde nachweisen, die Plasmidsequenzen enthält. Dies ist keine seltene Quelle für unerwartete zusätzliche Banden auf Autoradiogrammen hybridisierter Blots (Abbildung 2.2).

Bei jeder Entnahme von Auftragspuffer aus dem Vorratsgefäß sollte man eine frische Mikropipettenspitze verwenden.

Nach Zugabe von Auftragspuffer zur verdauten DNA-Probe muß man beides durch sanftes Rühren mit einer Mikropipette oder durch leichtes vortexen mischen. Entstandene Luftblasen entfernt man durch Zentrifugieren für eine Minute in einer Mikrozentrifuge.

Gleichzeitig mit der Herstellung von DNA-Proben sollte man auch Längenmarker präparieren, um später die Länge der DNA-Fragmente in den Proben abschätzen zu können. Welcher Längenmarker am besten geeignet ist, hängt von der Länge des untersuchten DNA-

Fragments ab. Ein bevorzugter Marker vieler Molekularbiologen ist *Hin*dIII-verdaute λ-DNA. Diese enthält DNA-Fragmente, die sich in einer Größenordnung von 125 bp bis 23,1 kb bewegen, und ist somit für die meisten Zwecke geeignet (Abbildung 2.2). Es gibt auch eine ganze Reihe kommerziell erhältlicher Mischungen aus DNA-Fragmenten, die man speziell für die Verwendung als Längenmarker entwickelte. Dazu gehört die „1-kb-DNA-Leiter", die von Gibco-BRL vertrieben wird (Abbildungen 2.1 und 2.4). Man sollte ausreichend Längenmarker-DNA auftragen, um sie in einem ethidiumbromidgefärbten Gel sichtbar machen zu können. Zwischen 0,5 und 1 μg von einem der oben erwähnten Marker reicht normalerweise aus. Bei den erwähnten Mischungen von Fragmenten, deren Länge sehr unterschiedlich sind, ist es unvermeidbar, daß ein bestimmtes Fragment in optimaler Menge vorhanden ist, andere dafür überladen oder zu schwach sind. Überladene Fragmente laufen schneller als sie sollten und bilden breitere Banden, die zu Ungenauigkeiten in der Größenbestimmung führen (Abbildung 2.2). Sind Fragmente unterrepräsentiert, sind sie im gefärbten Gel nicht sichtbar (Abbildung 2.2).

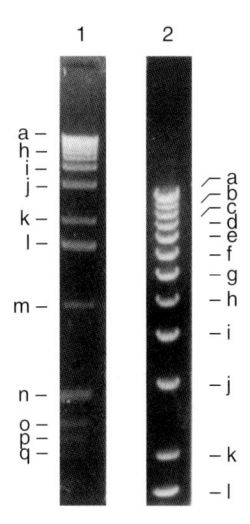

2.4 Die Spuren 1 und 2 enthalten eine „1-kb-DNA-Leiter" (Gibco-BRL), die aus 23 DNA-Fragmenten besteht. Ihre Längen in kb sind: (a), 12 216; (b), 11 198; (c), 10 180; (d), 9 162; (e), 8 144; (f), 7 126; (g), 6 108; (h), 5 090; (i), 4 072; (j), 3 054; (k), 2 036; (l), 1 636; (m), 1 108; (n), 517; (o), 506; (p), 396; (q), 344; (r), 298; (s), 220; (t), 201; (u), 154; (v), 134; (w), 75. In Spur 1 sind die Fragmente r–w nicht zu sehen, die Fragmente a–g wurden nicht aufgetrennt. Die Probe in Spur 2 wurde länger aufgetrennt. Die Fragmente m–w sind am unteren Ende des Geles herausgelaufen, aber die übrigen Fragmente, einschließlich a–g, können nun voneinander unterschieden werden.

Stets Längenmarker auf ein Gel auftragen. Es gibt eine große Auswahl, sie sind einfach zu verwenden, und ohne sie ist ein Southern-Blot wertlos.

Es ist empfehlenswert, verschiedene Mengen von Längenmarkern in verschiedenen Spuren mitlaufen zu lassen.

Manche Molekularbiologen tragen nur winzige Mengen ihres Längenmarkers auf das Gel auf und versetzen die Hybridisierungssonde mit radioaktiv markiertem Längenmarker. Die Positionen der Längenmarkerfragmente sind so auf der Autoradiographie sichtbar. Prinzipiell sollte es den Größenvergleich zwischen den hybridisierenden Fragmenten in den Probenspuren und den Marker-Fragmenten erleichtern. In der Praxis haben wir diese Methode allerdings nie als sehr befriedigend empfunden. Die verschiedenen Fragmente der Längenmarker hybridisieren oft qualitativ sehr unterschiedlich, mit der Folge, daß einige nicht sichtbar sind und manchmal auch zusätzliche Banden erscheinen. Dies macht eine Auswertung sehr schwierig. Wir empfehlen, sich auf die im ethidiumbromidgefärbten Gel deutlich sichtbaren Längenmarker zu verlassen.

2.3 Gelherstellung und Gelelektrophorese

2.3.1 Agarose

Zur Herstellung von Gelen sollte man nur qualitativ gute Agarosen mit einem für die Molekularbiologie geeigneten Reinheitsgrad verwenden. Diese sind frei von Kontaminationen, die die Elektrophorese stören oder die aufgetrennte DNA abbauen könnten. Man sollte keine niedrigschmelzende Agarose (*low melting point*-, LMP-Agarose) verwenden, da Gele aus diesem Material leicht brechen und während der Arbeitsschritte im Southern-Blotting leicht auseinanderfallen.

Die Wanderungsgeschwindigkeit der DNA-Moleküle hängt von der Agarosekonzentration im Gel ab. Man muß sich also entscheiden, welche Konzentration man einsetzen will. Die höchstmögliche Agarosekonzentration liegt bei etwa zwei Prozent (w/v) und die niedrigste bei etwa 0,5 Prozent (w/v). Hochprozentige Gele neigen dazu, die

Banden höhermolekularer DNA-Fragmente zu stauchen, während kürzere Fragmente besser aufgelöst werden. Dagegen erlauben niederprozentige Gele eine bessere Auftrennung von längeren Fragmenten, während die Banden kleiner Fragmente diffuser werden. So hat man die Möglichkeit, durch den Einsatz von Gelen mit verschiedenen Agarosekonzentrationen DNA-Fragmente sehr unterschiedlicher Länge aufzutrennen. Tabelle 2.1 zeigt den Größenbereich von DNA-Fragmenten, die durch verschiedene Agarosekonzentrationen optimal aufgetrennt werden können. Für die meisten Zwecke genügen 0,8-prozentige (w/v) oder einprozentige Agarosegele. Diese ergeben eine gute Auflösung von DNA-Fragmenten über einen für restringierte DNA geeigneten Größenbereich. Sie sind außerdem relativ robust, leicht zu handhaben und erlauben im Southern-Blot eine effiziente Übertragung von DNA auf Membranen.

Niedrig konzentrierte Agarosegele sind schwer handhabbar und zerbrechen leicht.

Tabelle 2.1: Längenbereiche von linearen DNA-Fragmenten, die durch verschiedenprozentige Agarose optimal aufgetrennt werden (Daten von Perbal 1988)

Konzentration der Agarose (% w/v)	Längenbereiche, die optimal aufgetrennt werden (kb)
0,3	5,0–60
0,6	1,0–20
0,8	0,8–10
1,0	0,4–8
1,2	0,3–7
1,5	0,2–4
2,0	0,1–3

2.3.2 Elektrophoresepuffer

Die Elektrophorese führt man bei oder nahe dem neutralen pH durch, so daß die Nucleinsäuremoleküle negativ geladen und doppelsträngig bleiben. Das Gel muß daher in einer Lösung mit entsprechender Pufferkapazität gegossen und die Elektrophorese in dieser Lösung durchgeführt werden. Die Elektrophorese wird auch von der Ionenstärke des Puffers beeinflußt. Wenn man vergißt, Puffer in das Gel zu geben (und uns ist das schon passiert), fließt nur wenig Strom, und die DNA wandert äußerst langsam. Wenn dagegen die Ionenstärke zu hoch ist, vielleicht weil man einen konzentrierten Vorratspuffer anstelle der verdünnten Gebrauchslösung verwendet hat (und das haben wir auch schon einmal gemacht), ist der Strom sehr stark, das Gel erhitzt sich und droht zu schmelzen.

Es gibt verschiedene Elektrophoresepuffer, die man verwenden kann. Die am häufigsten gebrauchten sind TBE (Tris-Borat-EDTA) und TAE (Tris-Acetat-EDTA). Der pH beider Puffer liegt zwischen 7,4 und 7,8, obwohl TAE eine niedrigere Pufferkapazität besitzt als TBE und während einer längeren Elektrophorese schneller verbraucht ist. Doppelsträngige lineare DNA-Moleküle wandern in TAE-Gelen etwas schneller als in TBE-Gelen. Die Fähigkeit der Gele, lineare DNA-Moleküle zu trennen, ist aber bei beiden Puffern sehr ähnlich. Es wurde schon oft behauptet, daß das Southern-Blotting von TAE-Gelen effizienter als das von TBE-Gelen erfolgt, jedoch haben wir beim Blotten von TBE-Gelen noch nie Probleme gehabt. Daher ist es meistens eine Sache des persönlichen Geschmacks, ob man vor dem Southern-Blotting TBE oder TAE für die Elektrophorese verwendet. In unserem Labor haben beide Puffer ihre Anhänger.

$1 \times$ TAE besteht aus 0,04 M Tris-Acetat, pH 7,6, 0,001 M EDTA. $1 \times$ TBE besteht aus 0,089 M Tris-Borat, pH 8,3, 0,0025 M Dinatrium-EDTA. EDTA komplexiert zweiwertige Kationen und inaktiviert dadurch zweiwertige kationenabhängige Desoxyribonucleasen (DNasen), die DNA abbauen.

TBE setzt man normalerweise als zehnfach konzentrierte Stammlösung an. Die TBE-Stammlösung neigt dazu, mit der Zeit einen Niederschlag zu entwickeln. Wird dieser zu stark, sollte man die Lösung verwerfen. TAE kann man normalerweise als 50-fach konzentrierte Stammlösung lagern.

TAE und TBE sollte bei Raumtemperatur aufbewahrt und vor Gebrauch verdünnt werden.

2.3.3 Gießen des Geles

Für das Herstellen (oder Gießen) von Gelen und den Gellauf gibt es viele Apparaturen zu kaufen (Abbildung 2.5). Die meisten Anbieter haben Systeme entwickelt, die sicher, robust und leicht zu handhaben sind. Dennoch bietet das Gießen eines Geles eine wundervolle Gelegenheit für das Auftreten aller Arten von Problemen. Die folgenden sind nur einige wenige aus unserem Erfahrungsschatz:

- Das Gel wird fest, bevor es überhaupt gegossen wurde,
- das flüssige Gel läuft während des Erstarrens aus der Gießform aus,
- um die Geltaschen herum bilden sich Luftblasen,
- das erstarrte Gel ist zu dick oder zu dünn,
- der Kamm hat während des Erstarrens den Grund der Gießform berührt, so daß die Taschen unten Löcher aufweisen,
- das Gel wurde mit dem falschen Puffer hergestellt.

Diese Fehler können alle leicht vermieden werden.
Zunächst sollte man die Plastikgießform (manchmal wird sie auch Gelschlitten oder Gelwanne genannt) vorbereiten. Sie hat eine Plastikunterseite und zwei Seiten, hat aber grundsätzlich offene Enden. Die Enden müssen daher abgeklebt werden (Abbildung 2.6). Bevor man dies tut, sollte man sich davon überzeugen, daß sie sauber und trocken sind. Der Hauptgrund für eine Undichtigkeit ist, daß die Klebestreifen die Enden nicht gut abdichten, weil diese während des Aufklebens feucht waren. Man sollte auch überprüfen, ob die Gelform in den ausgewählten Gelelektrophoresetank hineinpaßt. Hat man nämlich den Gelschlitten in der Vergangenheit mißhandelt, ist es gut möglich, daß er sich so stark verformt hat, daß er nicht mehr in den Gelelektrophoresetank hineinpaßt, für den er konstruiert wurde. Werden in einem Labor außerdem Ausrüstungen verschiedener Hersteller verwendet, können manche Gelschlitten zwar passend aussehen, sind

2.5 a) Gelgießform aus Plastik und drei Kämme zum Formen der Geltaschen. b) Elektrophoresetank für Agarosegele und Deckel (nicht aufgelegt). c) Agarosegelelektrophoresetank mit aufgelegtem Deckel. Aus Sicherheitsgründen läuft die Stromversorgung des Tanks über Anschlüsse, die in den Deckel integriert sind. Die Elektrophorese kann nur erfolgen, wenn der Deckel geschlossen ist.

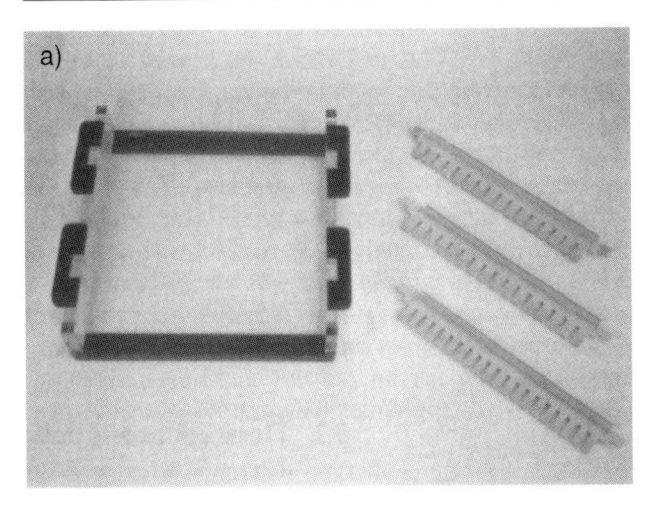

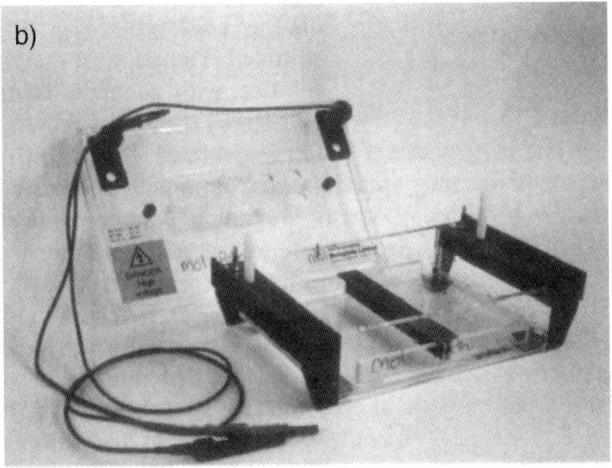

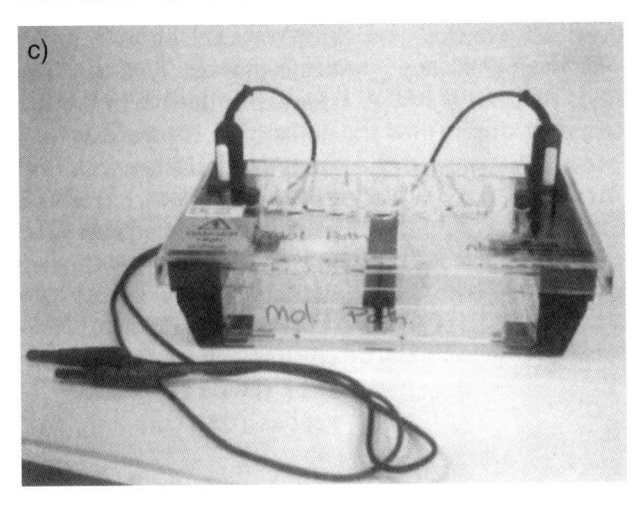

2. Southern-Blotting I: Elektrophorese der DNA

a)

b)

c)

42 Nucleinsäure-Blotting

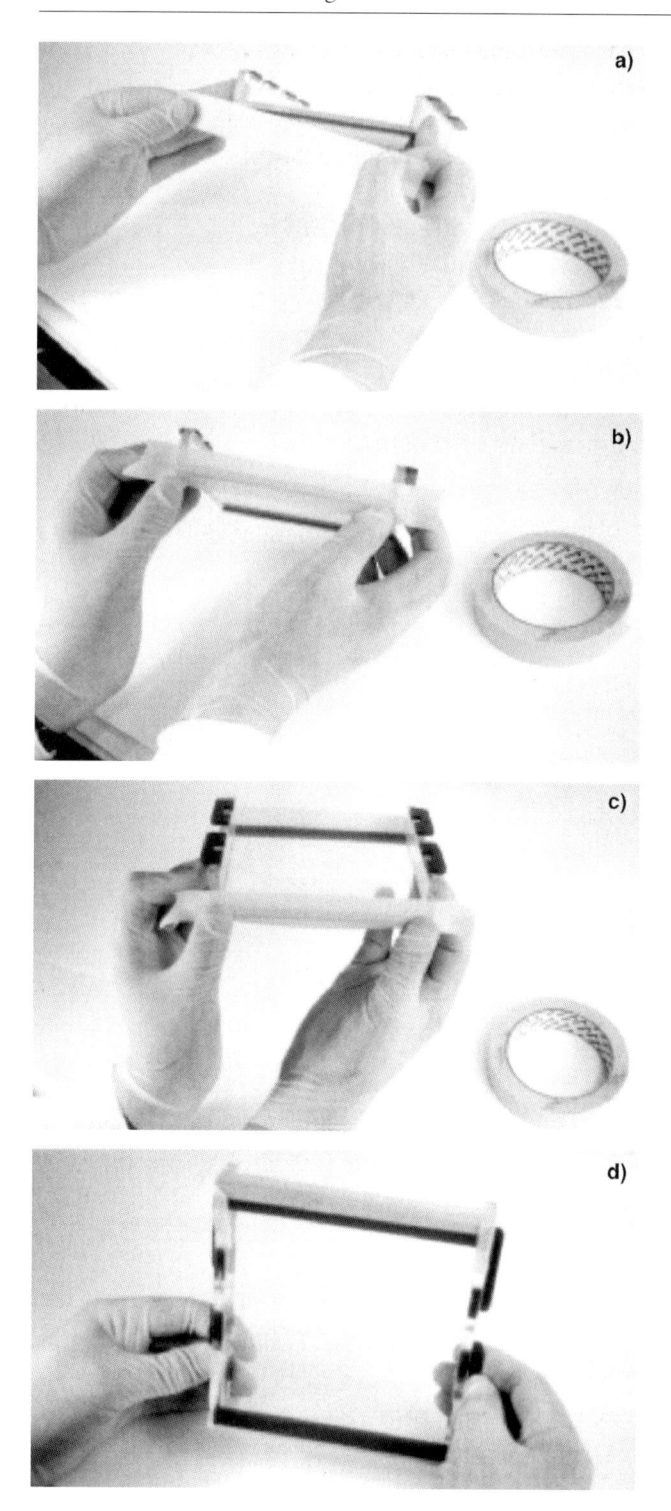

aber doch etwas zu groß oder zu klein für die Gelkammer. Wenn alles gut paßt, kann man die Enden des Gelschlittens mit Klebestreifen abkleben, der sowohl gegen Flüssigkeit, als auch die Hitze der geschmolzenen Agarose resistent ist. Autoklavierband oder einige Sorten Kreppband sind hierfür geeignet. Die Enden der Form werden so sorgfältig abgeklebt, daß ein Auslaufen unmöglich ist. Das Klebeband muß weiter über die Bodenplatte des Gelschlittens herausragen, als das geplante Gel dick ist. Schließlich legt man die Gießform auf eine ebene Unterlage und bringt den Kamm an (Abbildung 2.7).

Tesa-Film ist zum Abdichten ungeeignet. Wenn man die geschmolzene Agarose in die Form gießt, löst es sich ab.

Eine kleine Wasserwaage, mit der man überprüft, ob der Gelschlitten waagerecht liegt, ist eine sinnvolle Ergänzung für jedes Labor.

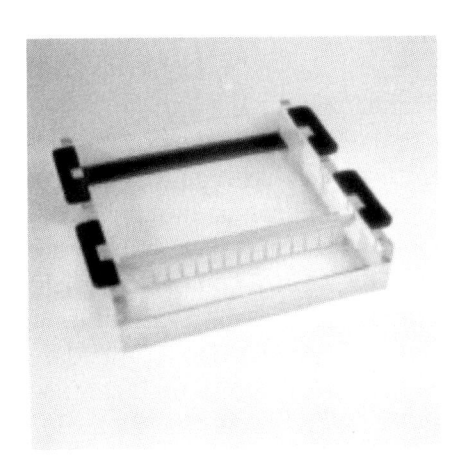

2.7 An beiden Enden abgeklebte Gelform mit eingestecktem Kamm.

Die Agarosemenge, die man schmelzen sollte, hängt natürlich von der Größe und der Dicke des benötigten Geles ab. Eine typische Gießform mißt 11 × 14 cm, und die ideale Dicke des Geles beträgt 8 mm. Um solch ein Gel zu gießen, sollte man 11 × 14 × 0,8 = 123,2 ml geschmolzene Agarose herstellen. Andererseits würden 100 ml geschmolzene Agarose in einer Form mit diesen Abmessungen ein

2.6 Abdichten der Gelenden.
a) Vor dem Abkleben sollte man sicherstellen, daß die Kanten des Gelschlittens sauber und trocken sind. b) Das Klebeband legt man glatt und ohne Falten an. c) Man vergewissert sich, daß die Kanten und Ecken wasserdicht sind. d) Die fertige Gießform.

6,4 mm dickes Gel ergeben. Ein Gel sollte zwischen 5 und 8 mm dick sein. Ist es zu dünn, sind die Taschen für ein optimales Probenvolumen nicht tief genug. Außerdem ist das Gel zu zerbrechlich, um damit bequem weiterarbeiten zu können. Mit einem zu dicken Gel dagegen verschwendet man zu viel Agarose und verlangsamt die Elektrophorese. Hat man sich entschieden, wie dick das Gel werden soll, wiegt man die erforderliche Agarosemenge ab und fügt 0,9 Volumen deionisiertes Wasser und 0,1 Volumen 10 × TAE (oder 0,98 Volumen Wasser und 0,02 Volumen 50 × TAE) hinzu. Am einfachsten löst man die Agarose in einem Mikrowellenherd auf, wobei man aber darauf achten sollte, daß der Behälter nicht verschlossen ist, keine Metallteile enthält und nicht zu voll ist. Für das Aufkochen ist eine konische Weithalsglasflasche gut geeignet.

Geschmolzene Agarose hat die Tendenz überzukochen. Da die Agarose sich bei einer starken Stromeinstellung innerhalb von etwa 2 Minuten auflöst, sollte man das Gel immer im Auge behalten, solange es sich im Mikrowellenherd befindet. Der kritische Moment ist gewöhnlich genau in dem Zeitpunkt, in dem das Gel aufgehört hat zu kochen. Nach einigen Sekunden der Ruhe kann die Lösung ohne vorherige Warnung aufschäumen. Daher schlagen wir vor, den Strom alle 10–15 Sekunden zu unterbrechen, die Lösung kurzzeitig aus dem Mikrowellenherd zu nehmen, leicht zu schwenken und anschließend wieder zurückzustellen. Wenn keine festen Agaroseteilchen mehr zu sehen sind, ist das flüssige Gel fertig. Die Agarose kann natürlich auch in einer konischen Weithalsglasflasche über einem Bunsenbrenner gelöst werden. Auch hier gilt: Es besteht immer das Risiko, daß die geschmolzene Agarose ganz plötzlich überkocht. Durch sanftes Schwenken der Flasche während des Erhitzens kann man dies vermeiden. Das verhindert auch das Anbrennen des Agarosepulvers auf dem Boden der Flasche, was passieren kann, wenn das Glas in der Flamme überhitzt wird. Beim Kochen der Lösung kann ziemlich viel Wasser durch Verdampfen verloren gehen. Eventuell muß man die geschmolzene Agaroselösung mit deionisiertem Wasser auf das Ausgangsvolumen auffüllen.

Das Überkochen (Siedeverzug) der Agarose ist äußerst lästig, und es dauert eine Ewigkeit, bis man den Dreck wieder beseitigt hat.

Da das Risiko besteht, daß sich die geschmolzene Agarose über einem ergießt, *muß* man unbedingt Wärmeschutzhandschuhe, einen Laborkittel und eine Schutzbrille tragen und muß – wie übrigens immer im Labor – sehr vorsichtig sein.

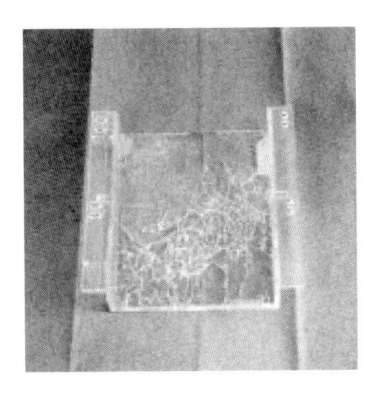

2.8 Wenn man es sich zur Gewohnheit macht, das Gel zu gießen, wenn es noch zu heiß ist, hat man am Ende stark gesprungene Gelschlitten, wie den hier gezeigten.

Sobald sich die Agarose gelöst hat, sollte man sie auf 60 °C abkühlen lassen. Gießt man die Agaroselösung, wenn sie noch sehr heiß ist, könnte sie die Gießform verziehen und/oder sogar zerreißen (Abbildung 2.8). Schon leichtes oder reversibles Verziehen kann lästig sein, denn wenn die Mitte der Gießform sich nach oben wölbt, kann sie von unten an den Kamm stoßen, wodurch die Geltaschen am unteren Rand Löcher bekommen. Natürlich darf man die geschmolzene Agarose nicht zu stark abkühlen lassen. Sie würde anfangen zu erstarren, und man hätte am Ende ein klumpiges Gel, was eine schlechte elektrophoretische Auftrennung zur Folge hätte.

Wenn man Löcher in den Geltaschen nicht rechtzeitig bemerkt, wird man das später feststellen – wenn die Proben durch die Geltaschen hindurchfließen und somit verloren gehen.

Kurz vor dem Gießen kann man dem Gel Ethidiumbromid in einer Endkonzentration von 0,2 μg/ml beimischen. Normalerweise verwendet man dazu eine Stammlösung mit einer Konzentration von 5–10 mg/ml. Da Ethidiumbromid an die körpereigene DNA wie auch an die Proben-DNA binden kann, stellt es ein Karzinogen dar, das mit äußerster Vorsicht verwendet werden sollte. Das Ethidiumbromid *niemals* in sehr heiße Agaroselösung oder in eine Agarosemischung hineingeben, die noch aufgekocht werden soll, da ansonsten ethidiumbromidhaltiger Dampf entsteht!

Sobald man das Ethidiumbromid hinzugefügt hat, sollte man die Lösung sachte schwenken, damit die Agarose und das Ethidiumbromid homogen gemischt werden. Dabei sollte Blasenbildung vermieden werden. Nun kann man die Lösung langsam aber stetig in die Form gießen (Abbildung 2.9), wobei die Bildung von Luftblasen vermieden werden sollte. Diese können überall entstehen, sammeln sich aber bevorzugt um den Kamm herum an. Man sollte sie zum Platzen bringen oder sie mittels einer sauberen Mikropipettenspitze beseitigen. Das Gel sollte stehen gelassen werden, damit es homogen fest werden kann. Ist man sich nicht sicher, ob es fest ist, kann man ganz sanft gegen die Seite der Form klopfen. Zittert die Oberfläche des Geles, ist es noch nicht so weit. Ist das Gel sicher erstarrt, löst man vorsichtig das Klebeband von den Enden der Gelform. Man muß darauf achten, daß man das Gel waagerecht hält. Besonders niedrig konzentrierte Agarosegele können schnell vom Schlitten gleiten. Das Gel ist nun fertig für den Aufbau im Elektrophoresetank.

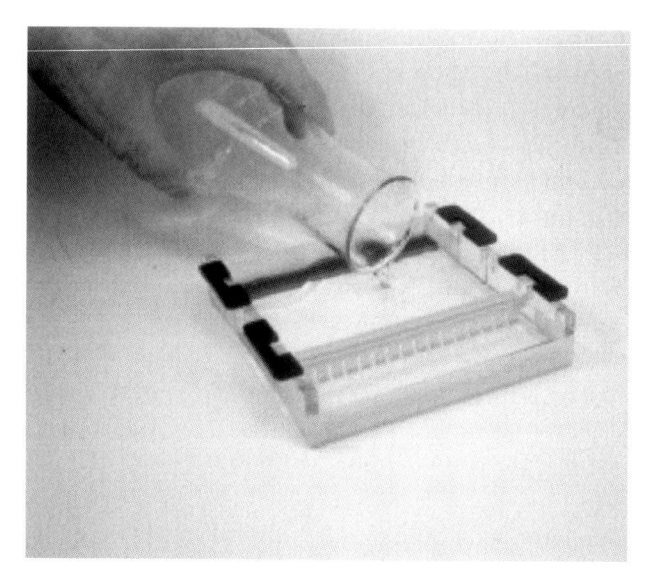

2.9 Gießen des Geles.

Auf das Ethidiumbromid im Gel und im Laufpuffer kann man verzichten und das Gel erst nach der Elektrophorese färben. Hierfür legt man es für 30–60 Minuten in eine Ethidiumbromidlösung (0,2 µg/ml in Laufpuffer). Das dauert etwas länger, verringert aber das Volumen des anfallenden ethidiumbromidhaltigen Abfalls auf ein Mindestmaß.

Je höher die Agarosekonzentration, desto schneller erstarrt das Gel.

Wenn das Gel fest ist, erscheint es leicht trübe.

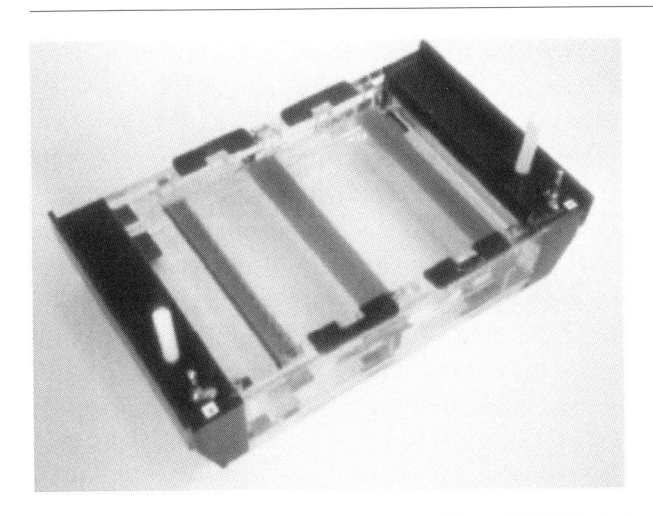

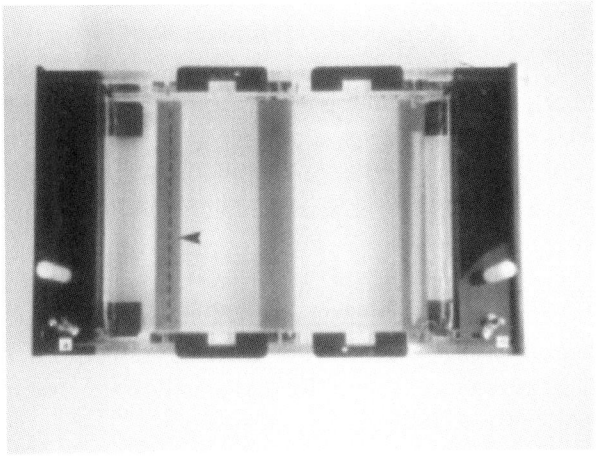

2.10 Sobald das Gel erstarrt ist, entfernt man die Klebestreifen von den Enden des Gelschlittens, legt es (auf dem Schlitten) in den Elektrophoresetank, füllt den Tank mit Laufpuffer und zieht den Kamm heraus. Die Geltaschen sind auf einem weißen Untergrund schlecht zu sehen, daher hat der hier abgebildete Gelschlitten auf seiner Unterseite einen roten Streifen (Pfeil). Wenn die eigene Apparatur eine solche Markierung nicht hat, kann man auf die Arbeitsfläche direkt unter die Geltaschen schwarzes Papier legen.

2.3.4 Zusammensetzen des Elektrophoresetanks

Der Gelschlitten mit dem Gel wird in den Tank gelegt und vorsichtig Laufpuffer hinzugegossen (1 × TBE oder 1 × TAE, je nachdem, was man im Gel verwendet hat), bis der Puffer das Gel 2–3 mm bedeckt (Abbildung 2.10). Während der Elektrophorese wandert das Ethidiumbromid zum negativen Pol, also gerade in entgegengesetzter Richtung zur DNA. So verbleibt nach einer längeren Elektrophorese nicht genügend Ethidiumbromid im Gel, um kleine DNA-Fragmente sichtbar zu machen. Aus diesem Grund wird oft unmittelbar vor dem Lauf 0,2 µg/ml Ethidiumbromid in den Laufpuffer gegeben. Da das Ethidiumbromid aber karzinogen wirkt, sollte es vermieden werden, in großen Volumina damit zu arbeiten.

Nachdem man den Laufpuffer über das Gel gegossen hat, kontrolliert man, ob Luftblasen unter den Gelschlitten geraten sind. Entfernt man sie nicht, liegt das Gel eventuell nicht waagrecht.

Der günstigste Moment, um den Kamm zu entfernen, ist nach der Zugabe des Laufpuffers. Das verringert die Gefahr, daß sich Luftblasen in den Geltaschen sammeln, und verhindert ein Kollabieren der Taschen. Das kann besonders bei niederprozentigen Gelen problematisch sein. Um die Geltaschen nicht zu beschädigen, sollte man den Kamm möglichst vorsichtig herausziehen. Sind dennoch Luftblasen in die Geltaschen gelangt, kann man sie entfernen, indem man mit einer Mikropipette Puffer in die Taschen spült.

An diesem Punkt schlagen wir vor, den Deckel auf den Geltank zu legen, die Elektroden an das Netzgerät anzuschließen und es anzuschalten. So sieht man, ob die ganze Apparatur arbeitet. Wenn alles in Ordnung ist, sollte das Netzgerät sowohl Spannung als auch Strom anzeigen, und zwar in einer in etwa richtigen Größenordnung (Abschnitt 2.3.6). Man sollte auch Bläschen von den Elektroden, die sich im Laufpuffer befinden, aufsteigen sehen. Mit Abschalten des Netzgerätes dagegen sollten keine Bläschen mehr aufsteigen.

Es ist sehr schwierig, schon aufgetragene Proben zu retten. Am besten deckt man Fehler im System vorher auf.

2.3.5 Auftragen der Proben

Wenn man sich nicht sicher ist, welches Probenvolumen man in eine Geltasche füllen kann, sollte man verschiedene Volumina von in Wasser verdünntem Auftragspuffer auftragen. Sobald man ermittelt hat, wieviel Flüssigkeit eine Geltasche faßt, spült man den Auftragspuffer mit Laufpuffer mit Hilfe einer Mikropipette vorsichtig wieder heraus. Einige Molekularbiologen empfehlen, die mit Restriktionsenzymen verdauten DNA-Proben vor dem Auftragen mit dem Auftragspuffer zu mischen und für 2–3 Minuten bei 65 °C zu erhitzen. Damit soll sichergestellt werden, daß die durch das Restriktionsenzym erzeugten kohäsiven Enden richtig getrennt werden. Für Enzyme, die 4-Basen-Überhänge hinterlassen, ist das wahrscheinlich nicht von Bedeutung und für Enzyme, die glatte Enden generieren, ohnehin nicht. Lohnenswert könnte dies jedoch bei Enzymen sein, die lange Überhänge produzieren.

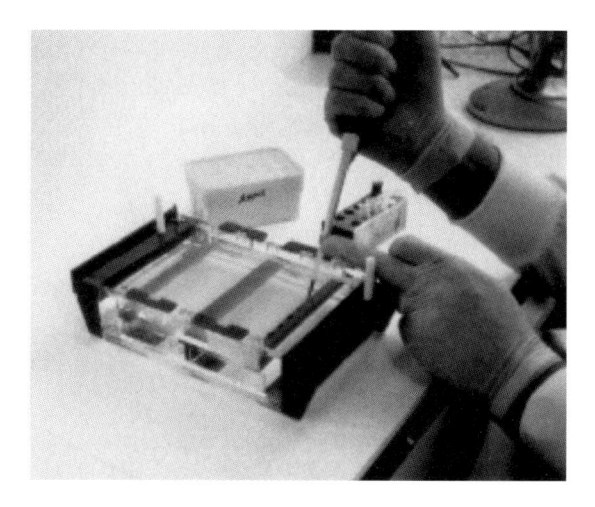

2.11 Auftragen einer Probe auf das Gel.
Man hat eine bessere Kontrolle über die Pipette, wenn man beide Hände gebraucht, und wenn man sie, wie hier gezeigt, auf der Arbeitsfläche abstützt.

Um Proben in die Geltaschen zu füllen, verwendet man eine Mikropipette (Abbildung 2.11). Für jede Probe nimmt man eine frische Spitze, um Kreuzkontaminationen zu vermeiden. Proben aufzutragen erfordert Geschicklichkeit, die man sich mit viel Übung aneignen kann. Man senkt die Mikropipette einfach in die Geltasche. Gerät man zu tief hinein, kann der Boden der Vertiefung durchbohrt werden. Bewegt man sie zu viel hin und her, könnte man die Seiten beschädigen. Wenn die Spitze in der richtigen Position ist, drückt man die Probe ganz vorsichtig in die Vertiefung. Aufgrund der hohen Dichte des Auftragspuffers gegenüber dem Laufpuffer fällt die Probe auf den Grund der Geltasche. Fällt die Probe nicht richtig in die Tasche hinein, liegt das Gel möglicherweise schon längere Zeit im Tank. Gelbestandteile könnten in die Geltaschen diffundiert sein, die man mit Laufpuffer vorsichtig ausspülen kann.

Man kann seine Hand stabilisieren, indem man Gelenk oder Ellbogen auf die Tischplatte stützt.

Mit Hilfe des zugesetzten Farbstoffes kann man kontrollieren, ob man die Probe in die richtige Geltasche lädt.

2.3.6 Die Gelelektrophorese

Sobald man die Proben aufgetragen hat, legt man den Deckel auf den Tank, schließt die Elektroden an und schaltet das Netzgerät ein (Abbildung 2.12). Ganz wichtig ist dabei, daß man das Gel nicht in die falsche Richtung laufen läßt. DNA und RNA wandern bekanntlich von der negativen zur positiven Elektrode.

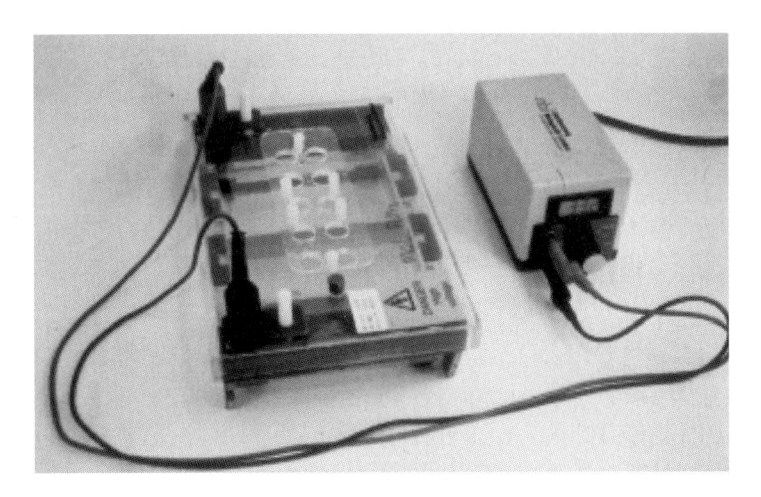

2.12 Agarosegelelektrophorese in Aktion.

Wie entscheidet man nun, mit welcher Spannung und wie lange man das Gel laufen läßt? Zunächst muß man wissen, daß die Spannung allein in diesem Zusammenhang eine nichtssagende Größe ist. Wichtig ist die Stärke des elektrischen Feldes, die man in Volt/cm ausdrückt, wobei „cm" der Abstand zwischen den beiden Elektroden ist. Bei schwachen elektrischen Feldern (niedrige Volt/cm) ist die Wanderungsgeschwindigkeit von linearen DNA-Fragmenten proportional zur angelegten Spannung. Mit zunehmender Stärke des elektrischen Feldes (steigende Volt/cm) sinkt der Größenbereich, den man auf einem bestimmten Gel auftrennen kann. Je größer die an das Gel angelegte Spannung, desto stärker fließt der Strom durch das Gel, und desto größer ist die im Gel freigesetzte Hitze. Bei zu großer Hitze kann das Gel schmelzen. In der Praxis bedeutet das: Wenn man ein schnelles Ergebnis möchte, kann man das Gel mit etwa 15 Volt/cm laufen lassen, sofern einen die schlechtere Auftrennung im hochmolekularen Bereich des Geles nicht stört. Will man dagegen eine gute Auflösung und hat auch etwas Zeit, läßt man das Gel mit 3–4 Volt/cm laufen. Restriktionsverdaus von genomischer DNA trennt man beispielsweise am besten langsam mit 3–4 Volt/cm für 16–24 Stunden auf. Dies führt zu einer guten Auflösung von Fragmenten mit höherem Molekulargewicht. Bei einer hohen Spannung neigen Fragmente außerdem dazu, nicht entsprechend ihrer Länge zu laufen. Der Grund liegt darin, daß zu Beginn der Elektrophorese große DNA-Mengen gleichzeitig aus der Geltasche heraus in den oberen Bereich des Geles einwandern. Obwohl die Fragmente sich während des weiteren Verlaufs der Elektrophorese auftrennen, bleibt die Auflösung beeinträchtigt.

Die erzeugte Wärme ist proportional zum Quadrat der Stromstärke.

Geltanks haben an der Seite oft eine Sicherheitsspannung vermerkt. Diese *darf nicht* überschritten werden.

Um den Endpunkt der Elektrophorese abschätzen zu können, nimmt man die Wanderungsgeschwindigkeit der Marker-Farbstoffe zur Hilfe. Wenn man beispielsweise verdaute genomische DNA auftrennt, ist es ratsam, das Gel so lange laufen zu lassen, bis der Bromphenolblau-Farbstoff zu dreiviertel durch das Gel gewandert ist. Damit ist gewährleistet, daß keine kleinen Fragmente am Ende des Geles herauslaufen. Hat man bereits nachgewiesen, daß sich in einer Probe keine kleinen Fragmente befinden, läßt man das Gel länger laufen, um die Auflösung und die Größenbestimmung von längeren Fragmenten in der Nähe der Geltaschen zu verbessern. Bei der Elektrophorese von verdauter klonierter DNA mit Fragmenten bekannter Länge kann man das Gel während der Elektrophorese beobachten und sich jederzeit entscheiden, ob das Gel noch länger laufen soll.

2.3.7 Sichtbarmachen der DNA durch UV-Strahlung

Zum Betrachten der DNA-Fragmente, die Ethidiumbromid gebunden haben, trägt man das Gel auf dem Gelschlitten zu einem UV-Durchlichtgerät (Abbildung 2.13). Man kann sich das Gel im ultravioletten Licht (UV-Licht) mit einer Wellenlänge von 254 nm oder 302 nm ansehen. Die erstgenannte Wellenlänge bewirkt eine stärkere Fluoreszenz mit Ethidiumbromid als die zweite, fügt der DNA aber auch mehr Schäden zu. Für Gele, die man für einen Southern-Blot präpariert, stellt eine DNA-Schädigung allerdings kein Problem dar. Tatsächlich kann man dadurch die Effizienz des Blottens sogar verbessern (Kapitel 3, Abschnitt 3.1.1 *Partielle Depurinierung*).

Beim Arbeiten mit ethidiumbromidhaltigen Gelen sollte man immer Handschuhe tragen.

Feuchte Agarosegele sind glitschig. Um ein Zerschellen auf dem Fußboden zu vermeiden (Gelpuzzles eignen sich nicht besonders gut zum Blotten), hält man den Gelschlitten an den offenen Enden fest und legt ihn für den Transport in einen Behälter.

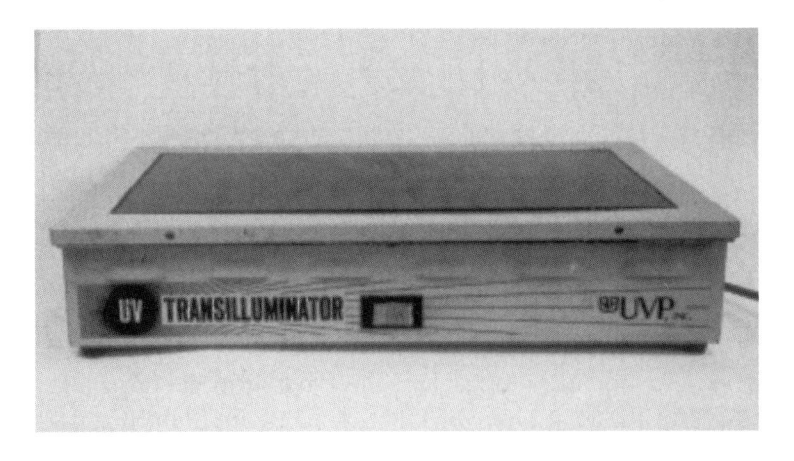

2.13 Ein UV-Durchlichtgerät.
Das Gel wird auf das Gerät gelegt.

Da es durch das UV-Licht zu Augenschädigungen und zu Verbrennungen der Haut kommen kann, muß man beim Umgang mit dem Durchlichtgerät sehr vorsichtig sein. Man sollte immer eine Ganzgesichtsmaske tragen, die speziell für diesen Zweck entwickelt wurde (Abbildung 2.14). Eine Schutzbrille reicht hier nicht aus. Die Haut sollte nicht zu lange der Strahlung ausgesetzt werden. Die Bereiche um die Handgelenke und die Unterarme sind besonders anfällig für Verbrennungen, da sie in engen Kontakt mit der UV-Quelle kommen können und durch die Handschuhe nicht geschützt werden. Am UV-Durchlichtgerät läßt man das Gel sachte vom Gelschlitten gleiten und schaltet das Gerät an. Um die DNA gut sehen zu können, ist es am besten, die Raumbeleuchtung auszuschalten.

Nicht die Kollegen der UV-Strahlung aussetzen.

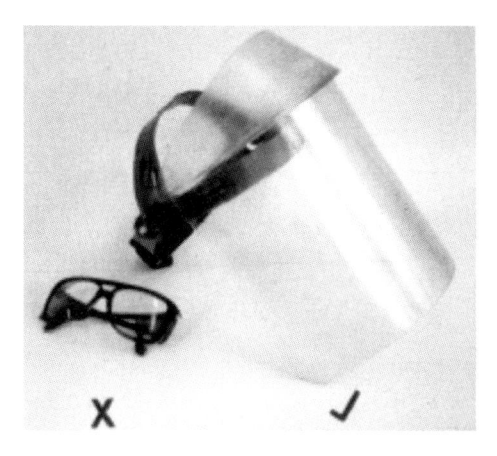

2.14 Schaut man auf ein UV-Durchlichtgerät, muß man eine das ganze Gesicht schützende Sicherheitsmaske tragen, wie sie rechts abgebildet ist. Sie wurde speziell für die Abschirmung von UV-Strahlen entwickelt und schützt die Augen *und* das Gesicht. Man sollte keine Brille verwenden, wie sie links zu sehen ist. Sie schützt nicht das Gesicht.

2.3.8 Fotografieren des Geles

Gele fotografiert man gewöhnlich mit einer Polaroid-Kamera, die über dem Durchlichtgerät angebracht ist. Vermehrt werden auch Videokameras verwendet.

Warum sollte man das Gel fotografieren? Dies macht man nicht nur, um eine bleibende Aufnahme des Geles für das Protokoll zu haben (obwohl das sehr wichtig ist), sondern auch, weil sie eine sehr wichtige Interpretationshilfe für die Ergebnisse des sich anschließenden Southern-Blots und der Hybridisierung ist. Das Gel wird zusammen mit einem Lineal an der Seite fotografiert, um die Positionen der DNA-Fragmente auf der Fotografie mit denen der hybridisierenden Fragmente, die man später auf dem Exponat sieht, vergleichen zu können. Die Belichtungsbedingungen für die Aufnahme richten sich nach der Beleuchtung, der Gelgröße und den technischen Eigenschaften der Kamera. Durch eine Verlängerung der Belichtungszeit kann man zwar schwächere Banden besser erkennen, jedoch verstärkt sich auch der Hintergrund (Abbildung 2.15). Wenn die kleinsten Banden im Gel auch auf der Fotografie zu sehen sind, gibt die Fotografie das Gel genau wieder.

Es gibt Lineale, die im UV-Licht fluoreszieren.

Das Lineal sollte nach dem oberen Gelende oder nach der Anordnung der Geltaschen ausgerichtet werden.

Man sollte sich Zeit lassen, um qualitativ hochwertige Fotografien herzustellen, auf denen DNA und Lineal deutlich zu sehen sind.

Eine Fotografie deckt nicht alles auf. Auf dem Gel nicht sichtbare, kontaminierende DNA kann man nach der Hybridisierung des Southern-Blots nachweisen.

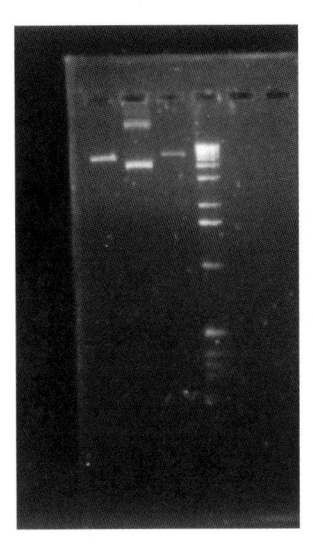

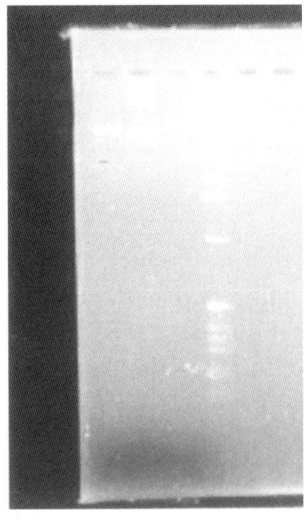

2.15 Das Foto auf der rechten Seite wurde länger belichtet als das auf der linken Seite. Die längere Belichtung läßt kleine DNA-Fragmente zum Vorschein kommen, die man auf dem linken Foto nicht sehen kann. Allerdings ist der Hintergrund stärker.

2.3.9 Die Interpretation von Gelen

Das Gel wird zunächst sorgfältig auf Merkmale untersucht, die auf einen kompletten Restriktionsverdau hinweisen, die Restriktionsenzyme also jede verfügbare Erkennungsstelle geschnitten haben.

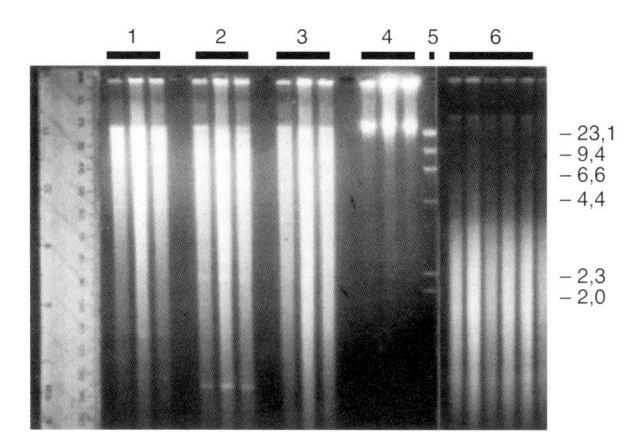

2.16 Agarosegelelektrophorese von genomischer Maus-DNA, verdaut mit *Bam*HI (1), *Bgl*II (2) oder *Pst*I (3), Enzyme, die eine 6 bp-Erkennungssequenz haben, oder *Rsa*I (6) mit einer 4 bp-Erkennungssequenz. Die mit 4 gekennzeichneten Spuren enthalten unverdaute DNA, Spur 5 einen λ-*Hin*dIII-Längenmarker (angegebene Längen in kb). Man beachte die Banden von repetitiver DNA in den Spuren 1 und 2.

Genomische DNA

Nicht verdaute und vollständig verdaute DNA sehen nach einer Elektrophorese sehr unterschiedlich aus (Abbildung 2.16). Nicht verdaute DNA bildet eine breite Bande um die den Taschen zugewandte Kompressionszone. Genomische DNA, die mit einem Restriktionsenzym mit einer Erkennungssequenz von sechs Basenpaaren gespalten wurde, erscheint als ein Schmier von Fragmenten von der Kompressionszone bis hinunter um die 500 bp. Kleinere Fragmente sind ebenfalls vorhanden, wenn auch nicht sichtbar. Man sollte sich nicht dazu verleiten lassen, diesen unteren Teil des Geles abzuschneiden, nur weil man dort keine DNA sieht. Man könnte auf diese Weise wichtige Fragmente verlieren. Hat man die DNA mit einem Restriktionsenzym gespalten, das eine 4 bp-Erkennungssequenz besitzt, erscheint sie als ein Schmier von Fragmenten mit einer niedrigeren durchschnittlichen Länge als mit einem Restriktionsenzym, das eine 6 bp-Erkennungssequenz besitzt. Ein weiterer sinnvoller Hinweis auf die Qualität des Verdaus von genomischer DNA ist das Auftreten schwacher Banden, die sich vom Hintergrund des DNA-Schmieres abheben. Diese Banden verkörpern repetitive Sequenzen. Sie kommen viele tausend Male im Genom vor und lassen dadurch viel mehr Fragmente einer bestimmten Länge entstehen, als man für eine einmal im Genom vorkommende Sequenz (*single copy*) erwarten würde. Nicht alle Restriktionsenzyme schneiden in repetitiven Elementen in der Weise, daß solche Banden entstehen. Also sollte man nicht besorgt sein, wenn sie nicht zu sehen sind. Mit zunehmender Erfahrung ist es möglich zu beurteilen, ob ein genomischer Verdau vollständig ist, obwohl erst die Autoradiographie des hybridisierten Southern-Blots den letztendlichen Beweis liefert.

Klonierte DNA

Ungeschnittene und geschnittene Plasmide kann man ebenfalls leicht unterscheiden. Ungeschnittene Plasmide erscheinen auf dem Gel gewöhnlich als zwei diskrete Banden (Abbildung 2.17). Die schneller wandernde Bande ist superhelicale zirkuläre Plasmid-DNA, die den natürlichen Zustand intakter Plasmid-DNA darstellt. Die langsamer wandernde Bande ist entspannte ringförmige Plasmid-DNA. Sie ist das Ergebnis eines oder mehrerer Einzelstrang-Brüche (*nicks*), die während der Extraktion aus den Bakterien in die Plasmid-DNA eingeführt wurden. Wird ein ringförmig geschlossenes Plasmid-DNA-Molekül mit einem Restriktionsenzym an einer Stelle gespalten, wird es linear und wandert normalerweise zwischen der entspannten und der superhelicalen zirkulären Form (Thorne 1967). Nur die lineare Form wandert an der ihrer Länge entsprechenden Position. Superhelicale DNA wandert schneller, als man aufgrund ihrer Länge erwarten würde, da das Supercoiling das Molekül kompakter macht und so den physikalischen Widerstand reduziert, dem sich die DNA beim Lauf durch das Gel gegenübersieht. Dagegen sind entspannte ringförmige DNA-Moleküle sperriger als lineare Moleküle mit derselben Anzahl von Basenpaaren und treffen damit beim Lauf durch das Gel auf einen größeren physikalischen Widerstand, was sie langsamer macht.

Das Gleiche gilt für ringförmig geschlossene Cosmid-DNA.

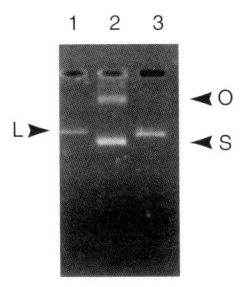

2.17 Agarosegelelektrophorese von ungeschnittener Plasmid-DNA (Spur 2) und vom gleichen Plasmid, linearisiert durch einen Verdau mit *Bam*HI, das einmal schneidet (Spuren 1 und 3). Superhelicale (S), offene Ring- (O) und lineare (L) Formen des Plasmids sind markiert.

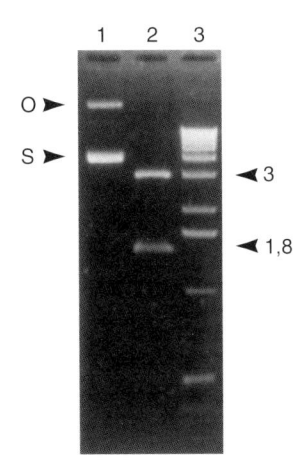

2.18 Agarosegelelektrophorese von Plasmid-DNA.
Superhelicale (S) und offene Ringformen (O) des ungeschnittenen Plasmids (Spur 1) sind eingezeichnet. Ein Verdau mit *Pvu*II, welches das Plasmid an zwei Stellen schneidet (Spur 2) ergeben Fragmente von etwa 3 kb und 1,8 kb. Spur 3 enthält eine „1-kb-DNA-Leiter" als Längenmarker (Gibco-BRL).

Da nicht-verdaute Plasmid-DNA-Proben multiple Banden enthalten, kann man sie fälschlicherweise für verdaute Proben halten, bei denen man erfolgreich ein kloniertes Fragment herausgeschnitten hat (Abbildung 2.18). Diese Fehlinterpretation kann man vermeiden, wenn man es sich angewöhnt, auf demselben Gel mit den verdauten auch unverdaute Proben mitlaufen zu lassen. Das erlaubt auch, ungeschnittene superhelicale oder entspannte zirkuläre DNA in der Probe nachzuweisen, die Anzeichen für einen unvollständigen Verdau sind.

> Das Gleiche gilt für lineare λ-DNA und ihre Spaltprodukte.

Wenn ein Restriktionsenzym ein Plasmid in mehrere Fragmente zerlegt hat und diese Spaltung vollständig erfolgt ist, liegen die Fragmente in äquimolaren Mengen vor. Da DNA-Fragmente proportional zu ihrer Länge zunehmende Mengen an Ethidiumbromid binden, fluoreszieren längere Fragmente unter UV-Licht stärker als kürzere. Banden, die schwächer leuchten als kleinere Banden, stellen partiell gespaltene Fragmente in niedriger Konzentration dar. Das Auftreten solcher Banden weist auf eine unvollständige Spaltung hin.

2.3.10 Was alles bei einer Elektrophorese schiefgehen kann

Eine Auflistung der Fehler, die man bis hierher machen kann, mag langweilig sein. Aber jeder dieser Fehler wurde mindestens einmal von mindesten einem der Autoren begangen.

- Vergessen, die Agarose hinzuzufügen.
- Vergessen, TAE- oder TBE-Puffer hinzuzufügen.
- Überschäumen der Agarose im Mikrowellenherd.
- Verformen des Gelschlittens, da das Gel beim Gießen zu heiß war.
- Vergessen, Ethidiumbromid ins Gel hineinzugeben.
- Die Enden des Gelträgers nicht sorgfältig mit Klebeband abgeklebt.
- Das Klebeband zu früh entfernt.
- 10 × TBE statt 1 × TBE in den Geltank gefüllt.
- Die Ausrüstung vor dem Beladen des Geles nicht überprüft.
- Das Gel überladen.
- Vergessen, ungeschnittene DNA oder Längenmarker aufzutragen.
- Das Gel rückwärts laufen gelassen.
- Das Gel zu lange laufen gelassen und dadurch die gewünschten Fragmente verloren.
- Das Gel während des Transports fallengelassen.
- Das Gel ohne Lineal fotografiert.

Also nicht aufregen, wenn die Sache mit dem Gel nicht gleich beim ersten Mal perfekt geklappt hat.

2.4 Weitere Literatur

Ogden, R. C., Adams, D. A. (1987). Electrophoresis in agarose and acrylamide gels. *Methods in Enzymology*, 152, 61–87.

Perbal, B. (1988). *A practical guide to molecular cloning* (2. Auflage), S. 340–349, 356–360. Wiley, New York.

Sambrook, J., Fritsch, E. F., Maniatis, T. (1989). *Molecular Cloning: a laboratory manual* (2. Auflage), Bd. 1, S. 6.3–6.35, 9.32–9.33, 6.50–6.59. Cold Spring Harbor Laboratory Press.

2.5 Referenzen

Bhagwat, A. S. (1992). Restriction enzymes: properties and use. *Methods in Enzymology*, 216, 199–224.

Birnboim, H. C. (1992). Extraction of high molecular weight RNA and DNA from cultured mammalian cells. *Methods in Enzymology*, 216, 154–160.

Burk, D. T., Carle, G. F., Olson, M. V. (1987). Cloning of large segments of exogenous DNA into yeast by means of artificial chromosome vectors *Science*, 236, 806–812.

Gross-Bellard, M., Oudet, P., Chambon, P. (1973). Isolation of high-molecular-weight-DNA from mammalian cells. *European Journal of Biochemistry*, 36, 32–38.

Guidet, F., Langridge, P. (1992). Megabase DNA preparation from plant tissue. *Methods in Enzymology*, 216, 3–12.

Ish-Horowitz, D., Burke, J. F. (1981). Rapid and efficient cosmid cloning. *Nucleic Acids Research*, 9, 2989–2998.

Smith, C. L., Cantor, C. R. (1986). Pulsed-field gel electrophoresis of large DNA molecules. *Nature*, 319, 701–702.

Smith, M. R., Devine, C. S., Cohn, S. M., Lieberman, M. W. (1984). Quantitative electrophoretic transfer of DNA from polyacrylamide or agarose gels to nitrocellulose. *Analytical Biochemistry*, 137, 120–124.

Southern, E. M. (1975). Detection of specific sequences among DNA fragments separated by gel electrophoresis. *Journal of Molecular Biology*, 98, 503–517.

Thorne, H. V. (1967). Electrophoretic characterization and fractionation of polyoma virus DNA. *Journal of Molecular Biology*, 24, 203.

3
Southern-Blotting II: Das Blotting

Es gibt verschiedene Methoden, um DNA aus einem Gel auf eine Membran zu transferieren.

Diese sind:
- Kapillarblotting
- elektrophoretischer Transfer (Elektroblotting)
- Vakuumblotting
- Überdruckblotting.

All diese Methoden eignen sich zum Blotten von Agarosegelen. Das bekannteste Verfahren zum Blotten von Agarosegelen ist das Kapillarblotting. Man benötigt keine spezielle Ausrüstung dazu, und es ist recht einfach durchzuführen. Mit einigen der anderen Methoden mag der DNA-Transfer effizienter und/oder schneller sein, doch sind diese Vorteile nur marginal, wenn nicht ein Labor vielleicht eine große Menge an Blots pro Zeiteinheit durchführen muß. Aus diesen Gründen werden wir uns hier mit dem Kapillarblotting beschäftigen und in Abschnitt 4 kurz auf die anderen Verfahren eingehen.

Elektroblotting ist die einzige effiziente Methode zum Transfer von DNA von einem Polyacrylamidgel auf eine Membran.

Es gibt verschiedene Protokolle für das Kapillarblotting. Darunter sind:
- Einseitig gerichtetes Kapillarblotting auf eine einzelne Membran,
- einseitig gerichtetes Kapillarblotting auf mehrere Membranen,
- zweiseitig gerichtetes Kapillarblotting.

Bei jedem dieser Verfahren kann man ein Nitrocellulosefilter oder eine von vielen verschiedenen Nylonmembranen verwenden. Das Blotten auf Nitrocellulosefilter muß man bei neutralem pH durchführen, wogegen man das Blotten auf Nylonmembranen sowohl bei neutralem als auch bei alkalischem pH durchführen kann.

Wie in Kapitel 7 beschrieben, empfehlen wir ausdrücklich, Nylonmembranen für das Southern-Blotting zu verwenden.

3.1 Einseitig gerichtetes Kapillarblotting auf eine einzelne Membran bei neutralem pH

3.1.1 Vorbereiten des Geles für das Blotten

Während das Gel noch auf dem Durchlichtgerät liegt, schneidet man nach dem Fotografieren die unnötigen Bereiche mit einem Skalpell ab. Insbesondere kann man die Region oberhalb der Geltaschen abschneiden. Auch die rechte untere Ecke des Geles wird abgeschnitten, um während der nun folgenden Schritte die Orientierung des Geles besser feststellen zu können.

Darauf achten, daß man mit der Klinge des Skalpells nicht die Oberfläche des Durchlichtgerätes verkratzt.
Das Gel nicht fallen lassen oder zerreißen.

Das Gel legt man anschließend vorsichtig auf den Gelschlitten zurück und läßt es in eine Plastikschale gleiten. Bevor man das Gel blottet, muß man es nacheinander in drei Lösungen einlegen. Diese sind:

- Depurinierungslösung,
- Denaturierungslösung,
- Neutralisierungslösung.

Die Rezepte für diese Lösungen findet man in Begleitheften, die mit allen Nylonmembranen mitgeliefert werden. Es gibt geringe Unterschiede in der Zusammensetzung der Lösungen, die von den Herstellern empfohlen werden. Da sicherlich jeder Hersteller bestimmt hat, welche Lösungen für ihre Membranen optimal sind, sollte man die Empfehlungen beachten.

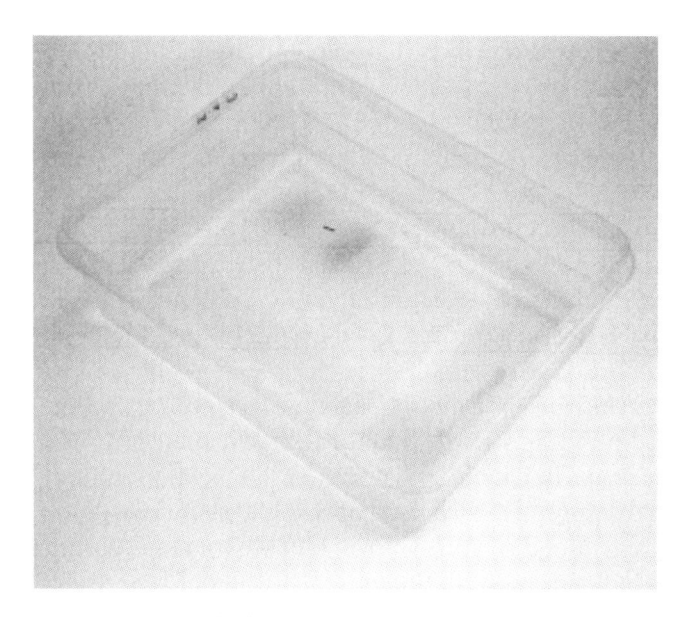

3.1 Ein Agarosegel in einem Plastikbehälter mit Denaturierungslösung.

Das Gel wird in eine Plastikschale gelegt, die mehrere Volumina der jeweiligen Lösung enthält (Abbildung 3.1). Es kann hilfreich sein, die Schale leicht zu schwenken, etwa indem man einen Plattformschüttler verwendet. Allerdings ist dies nicht unbedingt notwendig. Nach jeder Behandlung spült man das Gel sorgfältig mit deionisiertem Wasser.

Das Gel nicht fallen lassen oder zerreißen, während man die Lösungen abgießt.

Partielle Depurinierung

Im Kapillarblot-Verfahren transferiert man DNA-Fragmente mit Hilfe der Kapillarwirkung eines Flüssigkeitsstromes, der durch das Gel führt. Die Geschwindigkeit, mit der DNA-Fragmente das Gel verlassen, hängt von deren Länge ab. Je länger das Fragment, desto langsamer der Transfer. Mit der Zeit wird das Gel mehr und mehr entwässert, wodurch die effektive Agarosekonzentration bis auf einen Punkt ansteigt, an dem DNA-Moleküle das Gel nicht mehr verlassen können. Kurze Fragmente sind bereits auf die Membran gelangt, lange bevor dieser Punkt erreicht wurde, wogegen lange Fragmente möglicherweise im Gel zurückbleiben. Um die Geschwindigkeit, mit der die langen Fragmente aus dem Gel auswandern, und damit deren Transferausbeute zu erhöhen, kann man die DNA vor dem Blotten in kürzere Stücke spalten. Dies erreicht man durch partielle Depurinierung der DNA im Gel.

Wie der Ausdruck vermuten läßt, umfaßt die Depurinierung die Entfernung einiger Purine von der elektrophoretisch aufgetrennten DNA. Dazu wird das Gel für 10–15 Minuten bei Raumtemperatur in eine Depurinierungslösung gelegt. Die kovalente Bindung, die eine Purinbase mit einer Desoxyriboseeinheit in der DNA verbindet, ist empfindlicher gegen HCl als die Bindung, die eine Pyrimidinbase mit einer Desoxyriboseeinheit verknüpft. Daher entfernt man mit HCl bevorzugt die Purine von der DNA. Wird das Gel anschließend mit Alkali behandelt (Abschnitt 3.1.1 *Denaturierung*), werden die Phosphodiester-Bindungen, die das Gerüst des DNA-Stranges zusammenhalten, an den depurinierten Stellen gespalten. Das Ergebnis ist eine Fragmentierung der DNA.

Adenin und Guanin sind Purine.

Als Depurinierungslösung verwendet man typischerweise 0,25 M HCl.

Thymin und Cytosin sind Pyrimidine.

Mit der Depurinierung gehen einige Gefahren einher. Wenn man zu lange oder in einer zu starken Säure depuriniert, werden die DNA-Fragmente sehr klein und können möglicherweise nicht effizient an die Membran binden oder stabile Hybride mit der Sonde bilden. Auch wenn man die Anweisungen für die Depurinierung gewissenhaft befolgt, kann man auf Probleme stoßen. Beispielsweise kann depurinierte DNA unscharfe Banden hervorrufen, wahrscheinlich weil die fragmentierten DNA-Moleküle im Gel während der folgenden Behandlung und während des Blottens seitlich diffundieren.

Daher sollte man eine Depurinierung möglichst vermeiden. Sie ist nur notwendig, wenn DNA-Fragmente von mehr als 10 kb Länge effizient transferiert werden sollen, und wenn diese Fragmente nur in kleinen Mengen vorhanden sind, was zum Beispiel bei einem genomischen Verdau der Fall ist. Wenn man mit klonierten DNA-Fragmenten dieser Länge arbeitet, hat man relativ große Mengen von jedem Fragment und kommt mit einer geringeren Transfereffizienz aus. Hier sollte man die Gefahren einer Depurinierung vermeiden.

Wir haben mit Erfolg klonierte DNA-Fragmente mit einer Länge bis zu 40 kb ohne Depurinierung geblottet. Allerdings hatten wir – verglichen mit den kleineren Fragmenten – eine geringere Transfereffizienz.

Denaturierung

Die DNA im Gel wird durch 30 minütige Inkubation in einer Denaturierungslösung denaturiert. Um eine vollständige Denaturierung zu gewährleisten, legt man das Gel nacheinander zweimal in die gleiche Menge an Denaturierungslösung. Die einzelsträngige DNA, die man so erhält, wird effizienter aus dem Gel übertragen als doppelsträngige DNA. Natürlich benötigt man auch für die anschließende Hybridisierung einzelsträngige DNA.

Als Denaturierungslösung verwendet man gewöhnlich 1,5 M NaCl, 0,4 M NaOH.
Die Base spaltet auch die DNA an depurinierten Stellen.

Neutralisierung

Nitrocellulosefilter werden im alkalischen Bereich brüchig. Wenn man diese verwendet, ist es daher von großer Wichtigkeit, das Gel nach der Denaturierung zu neutralisieren. Da Nylonmembranen durch Alkali nicht geschädigt werden, ist es bei deren Einsatz nicht notwendig, das Gel vor dem Blotten zu neutralisieren. Tatsächlich empfehlen einige Protokolle, wie in Abschnitt 3.3 beschrieben, in Gegenwart von Alkali zu blotten. Allerdings kann das Blotten in Alkali nach einer Hybridisierung der Membranen zu verstärkten Hintergrundsignalen führen. Wir raten daher, das Gel vor dem Blotten in Neutralisierungslösung zu legen. Um eine gründliche Neutralisierung sicherzustellen, legt man das Gel nacheinander noch zweimal in die gleiche Menge frische Neutralisierungslösung. Für welche Methode man sich auch immer entscheidet: Man sollte sicherstellen, daß man die Membran vor der Hybridisierung neutralisiert hat, da Nucleinsäurehybride bei einem hohen pH instabil sind.

Die Neutralisierungslösung besteht gewöhnlich aus 1,5 M NaCl, 1 M Tris-HCl, pH 7,4.

3.1.2 Zusammenbau des Blots

Während das Gel in der Neutralisierungslösung liegt, sollte man die Membran vorbereiten und damit beginnen, die Blotapparatur zusammenzustellen.

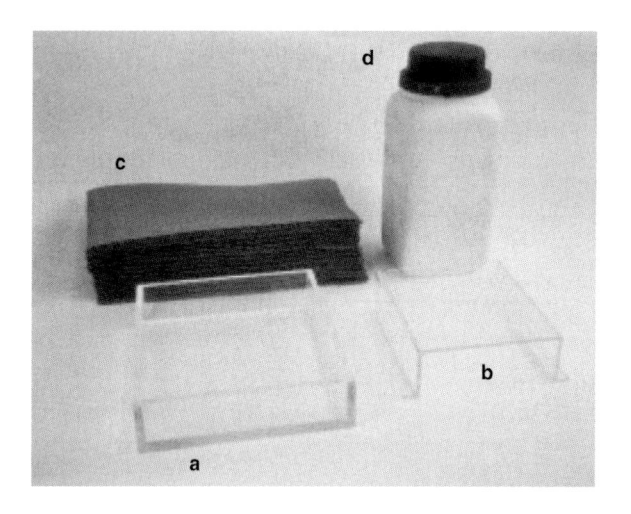

3.2 Einige Bestandteile, die man für das Southern-Blotting benötigt.
Speziell angefertigtes Pufferreservoir aus Plexiglas (a), speziell angefertigte Brücke aus Plexiglas (b), Papierhandtücher, um Kapillarwirkung zu erreichen (c) und als Gewicht eine Plastikflasche mit 500 g Natriumchlorid (d).

Schneiden und Vorbereiten der Membran

Die Membran wird mit einem scharfen Skalpell auf exakt die gleiche Größe wie das Gel zurecht geschnitten, das man blotten will. Wenn nötig, zeichnet man mit einem Stift Leitlinien auf die Membran (Abbildung 3.3). Wie in Kapitel 7.1 beschrieben, muß man Nitrocellulosefilter und einige Nylonmembranen vor Gebrauch anfeuchten. Die meisten Nylonmembranen kann man allerdings trocken verwenden.

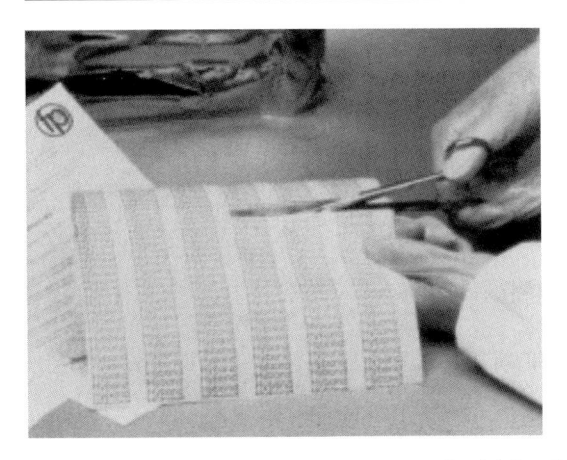

3.3 Die Membran wird mit einer Schere auf die richtige Größe geschnitten. Wahlweise kann man sie auch flach hinlegen und sie mit einem Skalpell schneiden. Man sollte Handschuhe tragen und die Membran zwischen den Schutzblättern (hier mit Hybond beschriftet) lassen. (Fotografie mit freundlicher Genehmigung von Amersham International plc)

Bei einigen Nylonmembranen bindet eine Seite die DNA besser als die andere. Um sicherzugehen, daß man die richtige Seite auf das Gel gelegt hat, sollte man den Anweisungen der Hersteller genau folgen.

Zusammenbau und Blotten

Blots kann man zusammenbauen, indem man Apparaturen verwendet, die man speziell für diesen Zweck angefertigt hat, oder indem man geeignete Dinge verwendet, die man im Labor findet. Wir wollen zuerst die Komponenten auflisten, die man benötigt, und anschließend zeigen, wie man sie zusammenstellt. Einige dieser Komponenten zeigt Abbildung 3.2.

- Transfer- oder Blotlösung. Eine hohe Salzkonzentration ist für die effiziente Bindung von DNA an Nitrocellulose *absolut notwendig*. Daher sollte man zum Blotten auf Nitrocellulosefilter 20 × SSC einsetzen (Southern 1975; Nagamine *et al.* 1980). Zur Bindung von DNA an Nylonmembranen sind hohe Salzkonzentrationen dagegen *nicht* notwendig. Tatsächlich bindet DNA in deionisiertem Wasser effizient an Nylonmembranen. Trotzdem ist es üblich, 10 × SSC zum Blotten auf Nylonmembranen zu verwenden, da Salz den Transfer der DNA aus dem Gel erleichtert (Khandjian 1987). Oft wird SSPE anstelle von SSC verwendet, da es eine größere Pufferkapazität besitzt. In der Praxis haben wir aber keinen nennenswerten Vorteil von SSPE feststellen können.

Molekularbiologen fühlen sich auf seltsame Weise mit 20 × SSC-Puffer (20-faches Konzentrat von einem Natriumsalz-Citrat, *Sodium Salt Citrate*) verbunden. Es enthält 3 M Natriumchlorid und 300 mM Natriumcitrat. Man setzt es in großen Mengen an und lagert es bei Raumtemperatur. Wenn ein Protokoll 10 × SSC oder 1 × SSC vorschreibt, verdünnt man die 20-fach konzentrierte Stammlösung 1:2 oder 1:20.

20 × SSPE (Natriumsalz-Phosphat-EDTA, *Sodium Salt Phosphate EDTA*) besteht aus 3,6 M Natriumchlorid, 200 mM Natriumphosphat, pH 6,8 und 20 mM EDTA.

- Ein Reservoir für die Transferlösung. Wir verwenden eigens angefertigte Plastikbehälter, Butterbrot-Plastikboxen, gläserne Entwicklerwannen oder irgend etwas anderes, was uns gerade in die Hände fällt. *Auf keinen Fall* verwendet man für diese Zwecke einen Geltank, auch wenn er die geeignete Größe hätte, da sonst das Salz in der Transferlösung zum Korrodieren der Elektroden führen würde.
- Einen Träger für das Gel. Wir verwenden entweder eine eigens dafür angefertigte Brücke aus Plastik, die im Reservoir steht, oder eine Glasplatte, die quer über dem Vorratsbehälter liegt.
- Eine Fließverbindung aus Whatman-3MM-Filterpapier oder etwas Entsprechendes, mit dem man das Reservoir und das Gel verbindet. Das Filterpapier sollte man mit einer Schere auf die richtige Größe schneiden und in Transferlösung anfeuchten. In einigen Laboratorien erfreuen sich Schwämme anstelle von Fließpapier immer größerer Beliebtheit. Quadratische oder längliche Schwämme sind hierfür geeignet, auch ganz bunte. Allerdings sollten sie vor ihrem ersten Einsatz über Nacht in viel Wasser gewässert werden.
- Das Gel.
- Frischhaltefolie.
- Die Membran (Abbildung 3.3).
- Zwei Bögen Whatman-3MM-Filterpapier oder Entsprechendes, auf Gelgröße zurechtgeschnitten und in Transferlösung angefeuchtet.
- Einen Stapel trockenes, saugfähiges Papier, etwa 10 cm hoch, um Kapillarwirkung zu ermöglichen. Wir nehmen hierzu Papierhandtücher.

- Ein Gewicht (etwa 500 g), um die Lagen der Blotapparatur in engem Kontakt zu halten. Wir verwenden mit Wasser gefüllte Glasflaschen. Auch Plastikflaschen mit Salz oder andere Gegenstände sind geeignet.

a)
- Gewicht
- Plexiglasscheibe
- Stapel Papierhandtücher
- Whatman-3MM-Filterpapier
- Nylonmembran
- Gel
- Saugpapier
- Brücke
- Transferlösung
- Reservoir

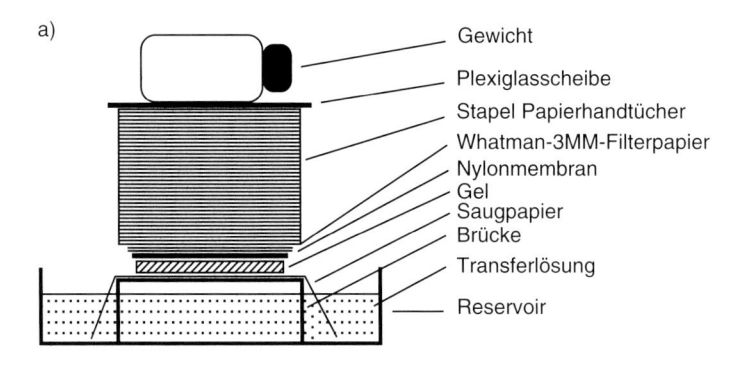

b)
- Gewicht
- Plexiglasscheibe
- Stapel Papierhandtücher
- Whatman-3MM-Filterpapier
- Nylonmembran
- Gel
- Schwamm
- Transferlösung
- Reservoir

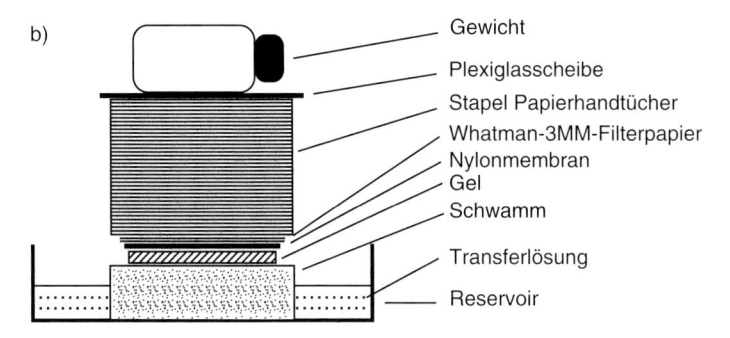

3.4 Einseitig gerichteter Kapillar-Blot.
a) Herkömmlicher Aufbau. b) Aufbau mit einem Schwamm anstelle einer Plastikbrücke mit Fließpapier.

Diese Bestandteile sollte man so zusammensetzen, wie es die Abbildungen 3.4 und 3.5 zeigen. Der Vorratsbehälter wird mit Transferlösung gefüllt und die Unterlage in Position gebracht. Man legt das Fließpapier so auf die Unterlage, daß beide Enden in die Transferlösung tauchen und die Mitte flach auf der Unterlage aufliegt. Luftblasen zwischen dem Papier und der Unterlage entfernt man, indem man mit den Fingern – mit Handschuhen natürlich – über das Papier streicht oder eine saubere Pipette über seine Oberfläche rollt. Wenn man zu unvorsichtig vorgeht, kann man die Oberfläche des Papiers verletzen. Um dies zu vermeiden, kann ein Stück Frischhaltefolie auf das Fließpapier gelegt werden, bevor man es glattstreicht.

Nicht vergessen, die Frischhaltefolie wieder zu entfernen, bevor man das Gel auf das Fließpapier legt.

Mit den Geltaschen nach unten wird das Gel aufgelegt und alle Luftblasen zwischen dem Fließpapier und dem Gel ausgestrichen, wie eben beschrieben. Zur Vermeidung von Luftblasen gießt man etwas Transferlösung auf das Fließpapier und legt dann vorsichtig das Gel darauf.

Als nächstes legt man die Membran auf das Gel. Um Luftblasen zu vermeiden, sollte man sich vergewissern, daß genügend Transferlösung auf dem Gel ist. Die Kanten der Membran hält man mit den Fingern (Handschuhe tragen!) so, daß die Mitte der Membran durch ihr Eigengewicht nach unten durchhängt, und läßt sie langsam auf die Geloberfläche hinab. Dabei muß die Oberkante der Membran genau mit der Oberkante des Geles verlaufen. Treten Luftblasen auf, entfernt man diese, wie zuvor beschrieben. Mit einer Schere schneidet man von der Membran vorsichtig die Ecke ab, die der abgeschnittenen Ecke des Geles entspricht. Sobald die Membran einmal auf dem Gel liegt, darf man sie nicht mehr bewegen, da etwas DNA nahezu sofort auf die Membran übertragen wird. Wenn man sie dennoch bewegt, hat man nach der Hybridisierung einen „Doppel-Expositions"-Effekt.

Hat man den Fehler begangen und die Membran verschoben, sollte man sie wegwerfen und eine neue nehmen.

Als nächstes legt man Frischhaltefolie an den Kanten um das Gel und die Membran. So vermeidet man „Kurzschlüsse", bei denen die Transferlösung nicht durch das Gel, sondern direkt aus dem Reservoir in die trockenen Papierhandtücher fließt, die sich auf der Membran befinden. Die Frischhaltefolie sollte eben noch die Kanten der Membran bedecken. Wenn sie zu viel von der Membran bedeckt, behindert sie den Fluß der Transferlösung.

Kurzschlüsse reduzieren dramatisch die Effizienz des Blottens.

3.5 Zusammenbau eines Southern-Blots.
a) Plastikwanne mit Transferlösung und Plastikbrücke. b) Aufgelegtes Saugpapier aus Whatman-3MM-Filterpapier. c) Aufgelegtes Agarosegel. d) Zurechtlegen von Frischhaltefolie um das Gel. e) Zurechtgelegte Frischhaltefolie. f) Aufgelegte Nylonmembran. g) Die fertige Blotapparatur.

3. Southern-Blotting II: Das Blotting   71

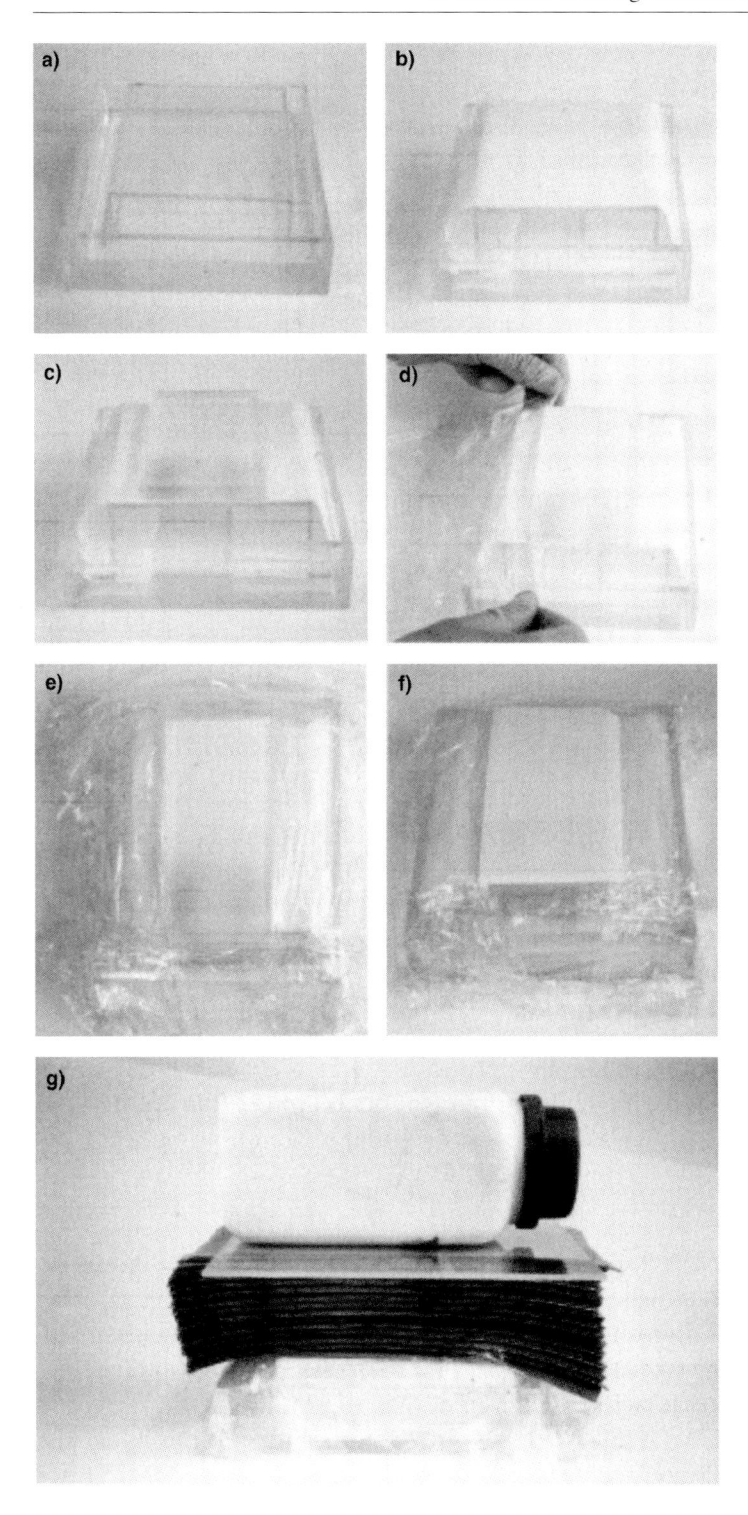

Als nächstes legt man zwei angefeuchtete Bögen Whatman-3MM-Filterpapier auf die Membran und entfernt wie schon zuvor die Luftblasen. Am Schluß legt man einen Stapel Papierhandtücher auf das Whatman-3MM-Filterpapier und darauf eine Glasplatte und beschwert die Lagen mit einem Gewicht.

Aus Bequemlichkeit läßt man den zusammengebauten Blot in der Regel über Nacht ungestört stehen. Man kann natürlich auch kürzere Transferzeiten wählen. DNA-Fragmente, die kürzer als 1 kb sind, transferieren quantitativ innerhalb einer oder zwei Stunden. Hat man die DNA depuriniert, sind auch sehr lange Fragmente in Fragmente von etwa 1 kb Länge geschnitten worden. Somit kann der Transfer innerhalb von zwei Stunden abgeschlossen sein.

3.1.3 Abbau des Blots

Vorsichtig entfernt man den Stapel Papierhandtücher (sie sollten nun durchnäßt sein), die zwei Bögen Whatman-3MM-Filterpapier und die Frischhaltefolie. Man ergreift die Enden des Fließpapiers und hebt es mitsamt dem Gel und der Membran hoch. Das Ganze wird vorsichtig gewendet und mit der Membran nach unten auf einen Bogen trockenes Whatman-3MM-Filterpapier gelegt. Ohne das Gel zu beschädigen, entfernt man das Fließpapier und markiert die Positionen der Geltaschen auf der Membran mit einem spitzen, weichen Bleistift oder einem Kugelschreiber. Dafür muß man mit dem Stift die Unterseite der Geltaschen durchstechen. Man markiert die Positionen aller Taschen, ob sie beladen wurden oder nicht. Dies wird man als extrem nützlich empfinden, wenn man sich auf der resultierenden Autoradiographie und dem Gelfoto orientieren will.

> Wenn man in der glücklichen Lage ist, zu wissen, wie das Filter bezüglich des Geles orientiert ist, kann man die Membran vorsichtig vom Gel nehmen, ohne die Geltaschen zu markieren.

Das Gel wird sachte abgezogen und weggeworfen. Man nimmt die Membran und spült sie sorgfältig in 2 × SSC. Alle Agaroseteilchen, die noch auf der Membran kleben, werden durch vorsichtiges Wischen mit den Handschuhen entfernt. Sie würden sonst die Hintergrundhybridisierung verstärken. Schließlich nimmt man die Membran aus dem 2 × SSC heraus, läßt die überschüssige Flüssigkeit abtropfen und legt sie mit der DNA-Seite nach oben auf trockenes Whatman-3MM-Filterpapier. Manche Hersteller empfehlen, die Membran für 30–60 Sekunden in Denaturierungslösung (Abschnitt 3.1.1 *Denaturierung*) zu legen, um zu gewährleisten, daß die DNA vollständig denaturiert ist. Wenn man das macht, was wir allerdings nie tun, muß man die Membran danach noch in Neutralisierungslösung (Abschnitt 3.1.1 *Neutralisierung*) und zum Schluß in 2 × SSC legen.

Beim Arbeiten mit Membranen immer Handschuhe tragen.

3.1.4 Überprüfen der Transfereffizienz

Um sicher zu prüfen, ob das Blotten erfolgreich war, kann man eine Kontroll-DNA-Probe auf dem Gel mitlaufen lassen und sie später nach der Hybridisierung auf der Membran nachweisen. Es gibt jedoch einige Hinweise, auf die man schon während des Abbaus der Blotapparatur achten kann. Ist das Kapillarblotting gut verlaufen,

- sollte der Stapel Papierhandtücher durchnäßt sein oder zumindest Anzeichen aufweisen, daß er naß war und dann an der Luft getrocknet ist,
- sollte der Farbstoff Bromphenolblau vom Gel auf die Membran gewandert sein,
- sollte das Gel wesentlich dünner sein als vor dem Blotten.

Wenn keiner der Punkte zutrifft, muß etwas schief gelaufen sein. Der Fluß der Transferlösung durch das Gel kann durch einen „Kurzschluß" im Gelaufbau eingeschränkt gewesen sein oder dadurch, daß man ungewollt das Gel oder die Membran mit Frischhaltefolie bedeckt hatte.

Man kann auch die Überreste des Geles mit Ethidiumbromid färben, um zu sehen, ob noch DNA zurückgeblieben ist. Dafür legt man das Gel für 30–60 Minuten in 0,2 μg/ml Ethidiumbromid in Transferlösung und betrachtet es unter UV-Licht. Das jetzige Bild vergleicht man mit der Fotografie des Geles vor dem Blotten. Insbesondere bei genomischen Southern-Blots sollte man feststellen, daß die niedermolekulare DNA nicht mehr nachweisbar ist, wohl aber etwas hochmolekulare DNA. Sind beträchtliche DNA-Mengen im Gel verblieben, ist etwas schief gelaufen.

3.1.5 Fixieren der DNA an die Membran

Die Art der DNA-Fixierung an die Membran nach dem Blotten hängt von der Art der verwendeten Membran ab. Deshalb sollte man die Angaben des Herstellers sehr genau beachten.

Bei Nitrocellulosefiltern kann man die DNA durch Backen semipermanent und nicht-kovalent an das Filter binden. Das Filter wird dazu zwischen zwei Bögen von trockenem Whatman-3MM-Filterpapier gelegt und für 2 Stunden bei 80 °C gebacken. Einige Protokolle raten zur Verwendung eines Vakuum-Ofens, um das Risiko einer Verbrennung der Nitrocellulose zu verringern. Wir haben das nie für nötig befunden. Die Backdauer kann man auf etwa 30 Minuten reduzieren. Man sollte aber nie länger als 2 Stunden backen, da Nitrocellulosefilter mit längerer Backdauer brüchig werden.

Einer der großen Vorteile von Nylonmembranen gegenüber Nitrocellulosefiltern ist, daß DNA mit ihnen kovalent quervernetzt werden kann. Dies geschieht durch die Ausbildung kovalenter Bindungen zwischen der DNA und den chemischen Gruppen auf der Membranoberfläche. Solche Bindungen können nur schwer wieder aufgebrochen werden, so daß die DNA permanent an die Membran gebunden bleibt. Es gibt im wesentlichen zwei Methoden zur Quervernetzung:

- UV-Behandlung,
- Trocknen.

Es ist sehr wichtig, die geeignete Methode für den jeweils verwendeten Membrantyp anzuwenden. Auf die Angaben des Herstellers sollte man sehr genau achten.

Es ist nicht ganz klar, wie DNA an Nitrocellulose bindet.

UV-Behandlung

Wenn man die transferierte DNA UV-Strahlung aussetzt, vernetzt ein Teil der Thymidin-Reste der DNA mit Aminogruppen auf der Membranoberfläche (Li *et al.* 1987). Die feuchte Membran wird dazu einfach in Frischhaltefolie eingewickelt und die DNA-Seite der UV-Strahlung ausgesetzt. Die Schwierigkeit liegt in der Entscheidung, welche UV-Dosis man anwendet:

- Zu geringe Exposition liefert eine ineffiziente Quervernetzung,
- eine zu starke Exposition führt zu einer effizienten Quervernetzung, verringert aber die Anzahl der Thymidine, die für die Bildung von Wasserstoffbrückenbindungen mit der Sonde zur Verfügung stehen, und damit die Möglichkeit der DNA zu hybridisieren.

Die beste Lösung dieses Problems ist die Benutzung einer UV-Quelle, die speziell für die Quervernetzung der DNA mit Membranen hergestellt wurde (Abbildung 3.6). Dieses Gerät ermöglicht, eine genau definierte UV-Strahlung in Übereinstimmung mit den Angaben des Membranherstellers anzulegen. Alternativ kann man ein Durchlichtgerät (254 nm Wellenlänge) verwenden, das man zuvor mit einem UV-Meter kalibriert hat.

Nitrocellulosefilter und einige Nylonmembranen darf man einer UV-Strahlung *nicht* aussetzen, da diese leicht Feuer fangen können.

Am schlimmsten ist es, ein UV-Durchlichtgerät auf reinen Verdacht hin einzusetzen.

3.6 UV-Gerät zum Quervernetzen von Nucleinsäuren an Membranen.

Verwendet man ein UV-Durchlichtgerät, sollte man die optimale Exposition austesten. Dazu blottet man ein Gel, in dessen Spuren man identische Mengen Plasmid-DNA aufgetragen hat. Die Membran schneidet man anschließend in Streifen, quervernetzt jeden Streifen mit verschiedenen Dosen an UV-Strahlung und hybridisiert diese mit einer markierten Sonde für das Plasmid. Danach ermittelt man die UV-Expositionszeit, die die stärksten Hybridisierungssignale liefert. Wenn man sein UV-Durchlichtgerät auf diese Weise kalibriert hat, sollte man immer daran denken, daß sich die abgegebene Energie mit zunehmendem Alter der Röhren ändert. Überdies sind die verschiedenen Röhren in einem Gerät häufig unterschiedlich alt.

Man achte auf geeignete Vorsichtsmaßnahmen bei Arbeiten mit UV-Licht.

Trocknen

An einige Membranarten kann man die DNA dadurch kovalent quervernetzen, daß man sie einfach trocknen läßt. Wenn man Zeit hat, legt man die Membran an einen sicheren Ort mit der DNA-Seite nach oben und läßt sie an der Luft vollständig trocknen. Hat man es eilig, trocknet man die Membran in einem Ofen bei einer Temperatur bis 80 °C.

3.1.6 Lagerung von Membranen vor der Hybridisierung

Sobald die DNA auf dem Filter fixiert ist, kann man sie in trockener Umgebung unbegrenzt bei Raumtemperatur aufbewahren. Es ist ratsam, die Membran in einen Umschlag aus Whatman-3MM-Filterpapier zu stecken und so vor Staub zu schützen. Außerdem sollte man ihn in einem sicheren Behälter aufbewahren.

3.2 Kapillarblotting auf mehrere Membranen bei neutralem pH

Sicherlich will man auch einmal den gleichen Satz von restriktionsverdauten DNA-Proben mit mehreren verschiedenen Hybridisierungssonden untersuchen. Man kann die Membran natürlich zuerst mit einer Sonde hybridisieren und diese nach der Autoradiographie wieder entfernen („Strippen der Membran"). Das ermöglicht das Rehybridisieren der Membran mit einer zweiten Sonde, und so weiter. Ein schnelleres Verfahren ist dagegen, dasselbe Gel auf mehrere Membranen zu blotten und jede Membran mit einer anderen Sonde zu hybridisieren. Zum Blotten auf mehr als eine Membran stehen zwei Wege zur Verfügung:

- Einseitig gerichtetes Kapillarblotting auf mehrere Membranen,
- zweiseitig gerichtetes Kapillarblotting.

3.2.1 Einseitig gerichtetes Kapillarblotting auf mehrere Membranen

Der Blot wird genauso aufgebaut, wie in Abschnitt 3.1.2 *Zusammenbau und Blotten* beschrieben. Nach fünf Minuten entfernt man vorsichtig den Stapel Papierhandtücher und die zwei Bögen Whatman-3MM-Filterpapier und zieht die Membran ab. Man ersetzt sie durch eine zweite Membran und wechselt auch das Whatman-3MM-Filterpapier und die Papierhandtücher aus. Nach weiteren zehn Minuten ersetzt man die zweite Membran durch eine dritte. Nach 15 Minuten ersetzt man die dritte Membran durch eine vierte. Nun läßt man das Gel über Nacht blotten und nimmt anschließend die vierte Membran ab. Jede Membran spült man mit $2 \times SSC$ und fixiert die DNA daran, sobald die Membran aus der Lösung kommt. Diese Methode funktioniert sehr gut, wenn man klonierte DNA blottet, da die DNA-Konzentration im Gel relativ hoch ist. Für das Blotten von genomischer DNA ist dieses Verfahren aber nicht geeignet, da nur sehr wenig von jeder DNA-Spezies vorhanden ist und man die gesamte im Gel befindliche DNA auf eine einzige Membran übertragen möchte.

Dieses Verfahren *nicht* bei genomischen Southern-Blots anwenden.

3.2.2 Zweiseitig gerichtetes Kapillarblotting

Das Gel wird nach der Anweisung in Abschnitt 3.1.1 vorbereitet, für 30 Minuten in $10 \times SSC$ gelegt und der Blot, wie in Abbildung 3.7 gezeigt, zusammengebaut. Man legt zehn trockene Papierhandtücher auf die Arbeitsplatte, darauf einen Bogen feuchtes Whatman-3MM-

Filterpapier, eine Nylonmembran (zurechtgeschnitten und angefeuchtet, nach den Angaben des Herstellers), das Gel, eine zweite Nylonmembran, einen Bogen feuchtes Whatman-3MM-Filterpapier, zehn trockene Papierhandtücher und ein Gewicht (500 g). Wie zuvor muß man sich auch hier davon überzeugen, daß sich zwischen den einzelnen Lagen keine Luftblasen befinden. Die Kapillarwirkung sollte das Wasser aus dem Gel in beide Richtungen ziehen, so daß die DNA auf beide Membranen wandert. Nach zwei Stunden sollte man die Membranen entfernen und, wie oben beschrieben, behandeln.

Wieder gilt: Diese Methode funktioniert gut, wenn man klonierte DNA blottet. Sie ist aber nicht für das Blotten von genomischer DNA geeignet.

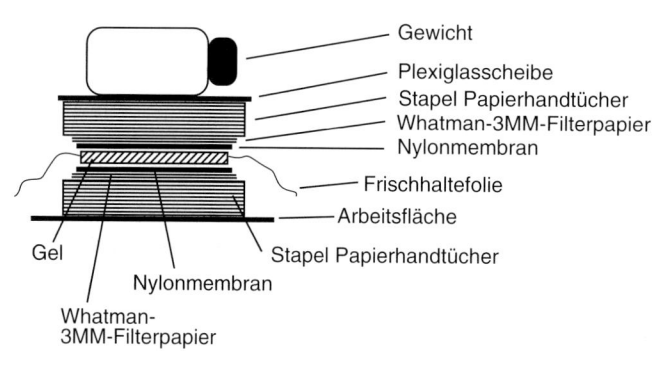

3.7 Zweiseitig gerichteter Kapillarblot.

3.3 Kapillarblotting bei basischem pH

Einige Membranen binden DNA effizient bei basischem pH (Reed und Mann 1985). Das Blotten in alkalischer Transferlösung kann sinnvoll sein, wenn die gewünschte DNA wahrscheinlich während des Blottens renaturiert. Ansonsten sollte man das alkalische Blotten vermeiden, da es nach der Hybridisierung zu stärkeren Hintergrundsignalen führen kann. Um bei basischem pH zu blotten, legt man das Gel wie schon zuvor in eine Depurinierungslösung und eine Denaturierungslösung, läßt aber dabei den Neutralisierungsschritt weg (Abschnitt 3.1.1). Das Gel wird wie oben geblottet, man verwendet aber anstelle von SSC eine alkalische Transferlösung. Manche Sorten von Papierhandtüchern sind nicht resistent gegen alkalische Transferlösungen und lösen sich auf. Daher sollte man seine Papierhandtücher immer vorher austesten.

> Einige repetitive Sequenzen könnten während des Blottens renaturieren.
>
> Eine typische alkalische Transferlösung besteht aus 0,4 M NaOH, 1,5 M NaCl.

Nach dem Blotten neutralisiert man die Membran, indem man sie für 15 Minuten in Neutralisierungslösung und anschließend in 2 × SSC legt und dann wie oben weiterverfährt.

3.4 Weitere Blotting-Methoden

Neben dem Kapillarblotting wurden inzwischen weitere Methoden zum Blotten von DNA und RNA entwickelt. Dazu gehören Elektroblotting, Vakuumblotting sowie Überdruckblotting.

3.4.1 Elektrophoretischer Transfer (Elektroblotting)

Bei diesem Verfahren behandelt man das Gel wie für das Kapillarblotting. Man legt auf das Gel eine Nylonmembran auf, legt es anschließend zwischen poröse Kissen und steckt es senkrecht in einen großen Tank mit Puffer (Abbildungen 3.8 und 3.9). An den Tank legt man ein elektrisches Feld an, wodurch die DNA auf dem Weg zur Anode aus dem Gel heraus auf die Membran wandert. Ein Vorteil des elektrophoretischen Transfers besteht darin, daß hochmolekulare DNA-Fragmente effizient transferiert werden, ohne sie vorher partiell depurinieren zu müssen. Des weiteren findet der Transfer sehr schnell statt.

Das Elektroblotting ist nicht geeignet für die Übertragung auf Nitrocellulosefilter, da man für die effiziente Bindung der DNA an Nitrocellulose hohe Salzkonzentrationen benötigt. Puffer mit hohen

Salzkonzentrationen leiten den Strom sehr gut. Die starke elektrische Stromstärke bewirkt durch Elektrolyse einen Pufferabbau sowie einen Anstieg der Temperatur, der die Bindung der DNA an das Filter stört. Um diese Probleme zu umgehen, müßte man große Puffervolumina verwenden und die Apparatur kühlen. Diese Unannehmlichkeiten wiegen die Vorteile vollkommen auf.

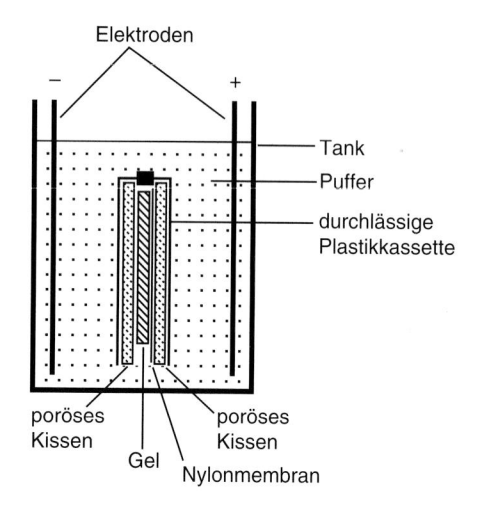

3.8 Elektroblot-Apparatur.

Die entstandene Hitze ist proportional zum Quadrat der Stromstärke.

Es gibt eine ganze Reihe kommerziell erhältlicher Elektroblot-Tanks, einige mit einer Kühlvorrichtung und andere, die man im Kühlraum verwenden muß.

Elektroblotting kann man zur Übertragung von DNA auf Nylonmembranen verwenden, da diese die DNA in Lösungen mit niedriger Salzkonzentration binden. Dennoch ist es notwendig, die Apparatur während des Blottens zu kühlen.

Neueren Datums ist die Entwicklung halbtrockener elektrophoretischer Transferzellen (Abbildungen 3.10 und 3.11). Dabei werden das Gel und die Membran zwischen mit Puffer gesättigten Filterpapierlagen eingeklemmt, die während des Blottens als Reservoir dienen. Diese Anordnung klemmt man anschließend zwischen zwei große und flache Kohlenstoff- oder Platinelektroden. Dieses Gerät entwickelt relativ wenig Hitze, und man benötigt keine Kühlung für den Transfer.

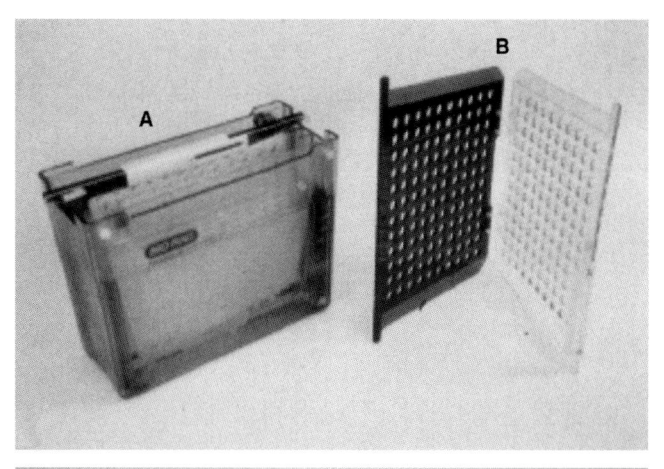

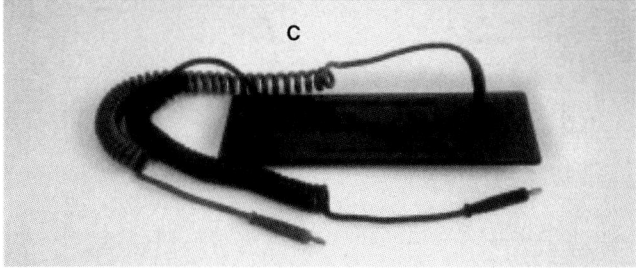

3.9 Elektroblot-Apparatur.
a) Elektrophoresetransferzelle (oder -tank). Im Tank befinden sich der Transferpuffer und die zusammengebaute Kassette mit den porösen Kissen, dem Gel und der Nylonmembran. b) Die Kassette vor dem Zusammenbau. c) Deckel der Zelle mit Elektrokabeln.

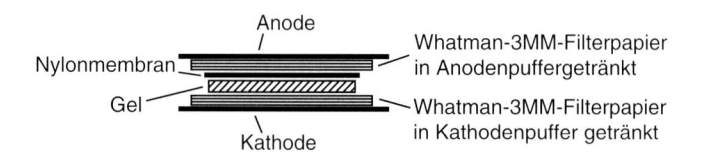

3.10 Halbtrockene Elektroblot-Apparatur.

Insgesamt haben wir das Gefühl, daß das Elektroblotting bei der Übertragung von DNA aus einem Agarosegel auf eine Membran gegenüber dem Kapillarblotting keinen großen Vorteil aufweist. Für den Transfer von DNA aus einem Polyacrylamidgel ist das Elektroblotting jedoch die Methode der Wahl, da das Kapillarblotting aus diesen Gelen sehr ineffizient ist.

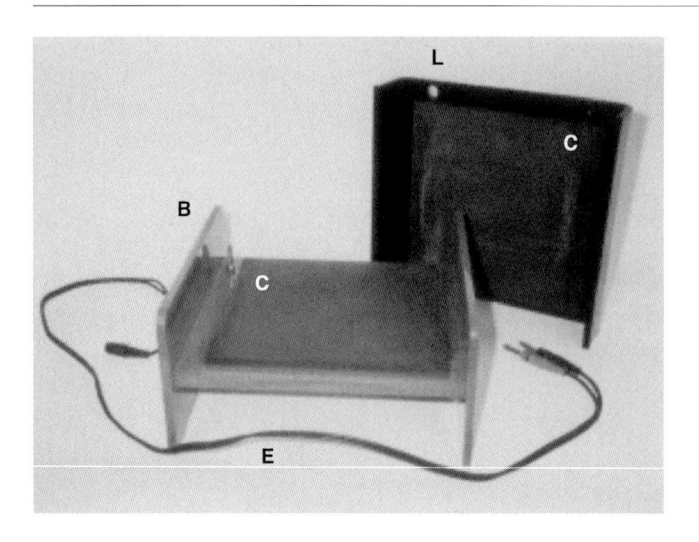

3.11 Halbtrockene Elektrophorese-Transferzelle.
In der Basis (B) und dem Deckel (D) befinden sich flache Kohlenstoffelektroden (C), die man zusammenbaut, um die Elektrokabel (E) einstecken zu können.

Wenn man die Elektroblottingausrüstung verwendet, sollte man die Anleitungen der Hersteller von Apparatur und verwendeter Membran befolgen.

3.4.2 Vakuumblotting und Überdruckblotting

Für das Vakuumblotting (Abbildung 3.12) behandelt man das Gel wie für das Kapillarblotting und legt es auf eine Nylonmembran oder ein Nitrocellulosefilter, der seinerseits auf einer porösen Unterlage über einer Vakuumkammer liegt. Die Transferlösung wird von einem oberen Reservoir durch das Gel hindurch abgesaugt, wobei die DNA-Fragmente auf die Membran übertragen werden (Perferoen *et al.* 1982). Man bekommt eine Anzahl von Vakuum-Blotapparaturen zu kaufen.

Die Apparaturen für das Überdruckblotting (Abbildung 3.13) bestehen typischerweise aus zwei Kammern, die durch einen porösen Träger getrennt sind. Das Gel wird wie für das Kapillarblotting behandelt und auf eine Nylonmembran oder ein Nitrocellulosefilter gelegt, der sich auf der porösen Unterlage befindet. Die Transferlösung füllt man in die obere Kammer und verschließt sie. Anschließend pumpt man Luft mit einem bestimmten Druck in die obere Kammer und preßt so die Transferlösung durch das Gel. Auch Überdruckblotting-Apparaturen sind kommerziell von mehreren Anbietern erhältlich.

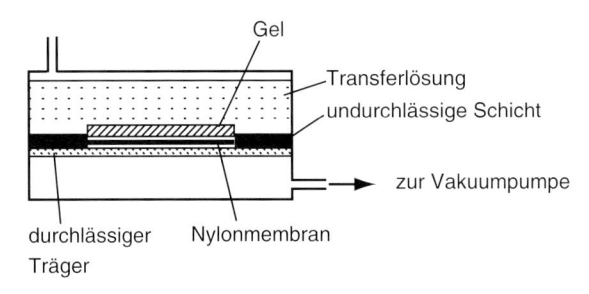

3.12 Vakuumblot-Apparatur.

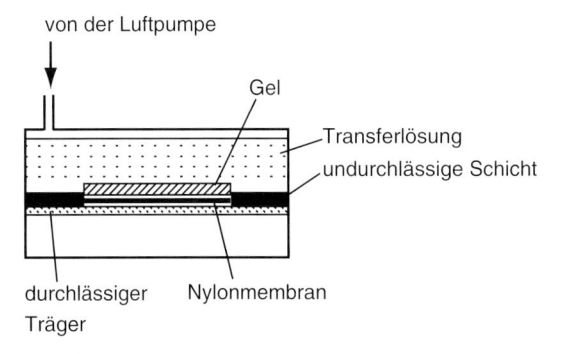

3.13 Überdruckblot-Apparatur.

Der Hauptvorteil des Vakuum- und des Überdruckblottings ist, daß beide sehr schnell sind, wobei sie eine quantitative Übertragung von partiell depurinierter DNA innerhalb von 30 Minuten aus Standard-Agarosegelen erlauben. Das Überdruckblotting umgeht das Problem des Gel-Zusammenbruchs, das oft beim Vakuumblotting auftritt, und behauptet von sich, dadurch schneller zu sein und effizienter zu transferieren. In der Praxis scheint dies offensichtlich übertrieben. Der größte Nachteil dieser beiden Verfahren liegt darin, daß sie eine teure Ausrüstung erfordern, die nicht einfach zu bedienen ist und einer gewissen Pflege bedarf.

3.4.3 Welche Blottingmethode sollte man anwenden?

Die Antwort auf diese Frage hängt davon ab, wofür man das Blotten verwenden möchte und wie groß das Budget ist. In unserem Labor machen *viele* Kollegen *wenige* Blots, und wir haben niemals das Bedürfnis gehabt, eine spezielle Blotausrüstung zu kaufen. Wir haben mit einigen Vorführmodellen geliebäugelt, blieben aber dem Kapillarblotting treu. Es ist einfach, kostengünstig und macht keine Probleme. Wenn die wissenschaftliche Arbeit aber die Durchführung vieler Blots verlangt – beispielsweise im Rahmen einer Genkartierung oder in der Diagnostik –, könnte es sich lohnen, eine Ausrüstung zu kaufen, die die tägliche Anfertigung vieler Blots erlaubt. Wir empfehlen, sich mit den Herstellern von halbtrockenen elektrophoretischen Transferzellen, von Vakuum- und Überdruckblotting-Apparaturen in Verbindung zu setzen und abzuwarten, wer am meisten überzeugt.

3.5 Weitere Literatur

Perbal, B. (1988). *A practical guide to molecular cloning* (2. Auflage), S. 423–438, Wiley, New York.

Sambrook, J., Fritsch, E. F., Maniatis, T. (1989). *Molecular Cloning: a laboratory manual* (2. Auflage), Bd. 2, S. 9.31–9.46, Cold Spring Harbor Laboratory Press.

Wahl, G. M., Meinkoth, J. L., Kimmel, A. R. (1987). Northern and Southern blots. *Methods in Enzymology*, 152, 572–581.

3.6 Referenzen

Khandjian, E. W. (1987). Optimized hybridization of DNA blotted and fixed to nitrocellulose and nylon membranes. *BioTechnology*, 5, 165–167.

Li, J. K., Parker, B., Kowalin, T. (1987). Rapid alkaline blot-transfer of viral dsRNAs. *Analytical Biochemistry*, 163, 210–218.

Nagamine, Y., Sentenac, A., Fromageot, P. (1980). Selective blotting of restriction DNA fragments on nitrocellulose membranes at low salt concentrations. *Nucleic Acids Research*, 8, 2453–2460.

Perferoen, M., Huybrechts, R., De Loof, A. (1982). Vacuum blotting: a new, simple and efficient transfer of proteins from sodium dodecyl sulfate-polyacrylamide gels to nitrocellulose. *FEBS Letters*, 145, 369–372.

Diese Veröffentlichung beschreibt das Vakuumblotting von Proteinen. Das gleiche Prinzip gilt für Nucleinsäuren.

Reed, K. C., Mann, D. A. (1985). Rapid transfer of DNA from agarose gels to nylon membranes. *Nucleic Acids Research*, 13, 7207–7221.

Southern, E. M. (1975). Detection of specific sequences among DNA fragments separated by gel electrophoresis. *Journal of Molecular Biology*, 98, 503–517.

4.
Elektrophorese von RNA und Northern-Blotting

Wie im vorangegangenen Kapitel besprochen, setzt man das Southern-Blotting zum Nachweis von spezifischen DNA-Molekülen ein, die man über ein Gel nach ihrer Länge aufgetrennt hat. Nach der Entwicklung des Southern-Blottings haben einige Molekularbiologen versucht, diese Methode abzuwandeln, um spezifische RNA-Moleküle nachweisen zu können, die man vorher durch eine Gelelektrophorese entsprechend ihrer Länge aufgetrennt hat (Alwine *et al.* 1977). Daraus ist das Northern-Blotting entstanden. Den Namen hat man nicht etwa gewählt, weil eine Person namens Northern zufällig daran beteiligt war, sondern eher als eine Art Scherz von Molekularbiologen. Wahrscheinlich ist daher das Wichtigste, was man über das Northern-Blotting wissen sollte, daß der Name im Englischen mit einem kleingeschriebenen „n" beginnt, da es die Bezeichnung einer Methode ist und nicht der Name einer Person. Würde man nun ein englisch geschriebenes Manuskript einreichen, das auf das „*Northern blotting*" verweist, würde dies von einem übereifrigen Gutachter oder Lektor sicherlich beanstandet.

4.1 Wie unterscheidet sich das Northern-Blotting vom Southern-Blotting?

Die Abwandlungen beim Northern-Blotting tragen den Unterschieden in den physikalischen Eigenschaften von DNA und RNA Rechnung. Der wichtigste Unterschied besteht darin, daß RNA-Moleküle nicht doppelsträngig, sondern einzelsträngig sind. Die Folgen sind:

- Intramolekulare Basenpaarungen zwischen kurzen Regionen komplementärer Sequenzen bewirken, daß sich die RNA faltet (Abbildung 4.1). Die Wanderungsgeschwindigkeit gefalteter RNA-Moleküle in einem Agarosegel hängt nicht mehr allein von ihrer Länge ab, sondern auch von dem Ausmaß der Faltung. Je kompakter das Molekül, desto leichter passiert es die Poren in der Gelmatrix und desto schneller wandert es.
- Intermolekulare Basenpaarungen zwischen komplementären Sequenzen verschiedener RNA-Moleküle treten auf. Dies verursacht eine Aggregation von RNA (Abbildung 4.1).

RNA-Moleküle müssen daher durch Zugabe von geeigneten Denaturierungsreagenzien während der Gelelektrophorese komplett entfaltet vorliegen.

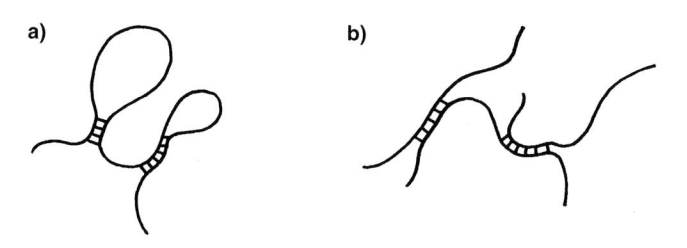

4.1 Intramolekulare a) und intermolekulare b) Basenpaarung der RNA.

Ein zweiter wichtiger Unterschied zwischen RNA und DNA ist, daß RNA wesentlich anfälliger gegen einen Abbau durch Enzyme ist. Erschwerend kommt hinzu, daß Ribonucleasen (RNasen) – RNA-abbauende Enzyme – extrem stabil sind. Gründe für eine Kontamination von RNA-Proben mit RNase sind zum einen, daß diese in allen Zellen oder Geweben vorkommen, aus denen man RNA isoliert (endogene RNasen), und zum anderen, daß man sie aus externen Quellen wie etwa den eigenen Fingern (exogene RNasen) einschleppen kann. Alle Protokolle für die Isolierung von RNA aus Zellen und Geweben schließen Schritte zur Inaktivierung von exogenen RNasen ein.

Beispielsweise kann Kochen den RNasen nichts anhaben, dagegen werden Desoxyribonucleasen (DNasen) – Enzyme, die DNA abbauen – durch Kochen in der Regel inaktiviert.

Wenn die RNA-Elektrophorese und das Northern-Blotting anstehen, sollte man die Kontaminationsgefahr mit exogenen RNasen so gering wie möglich halten. Wie gelingt das? Es ist sehr wichtig, während des ganzen Verfahrens saubere Einmalhandschuhe zu tragen – also nicht nur während der Präparation der Proben (wenn die RNA besonders anfällig ist), sondern auch während der folgenden Schritte. Man sollte nur Gelelektrophorese- und Blottingapparaturen verwenden, die man vorher sorgfältig mit destilliertem Wasser gereinigt hat. Einige Laborhandbücher empfehlen, Behälter und Lösungen, die man zum Anfertigen und zur Gelelektrophorese verwendet, mit Diethylpyrocarbonat (DEPC) – einem Inhibitor für RNasen – zu behandeln. Unserer Erfahrung nach ist dies nicht notwendig. Wenn man trotzdem daran festhält, sollte man folgendermaßen vorgehen:

1. Plastikwaren: Der Behälter wird mit ein Prozent (v/v) DEPC in Wasser gefüllt, für 2 Stunden bei 37 °C stehen gelassen, die Flüssigkeit anschließend weggegossen und der Behälter autoklaviert, um Reste von DEPC zu entfernen.
2. Lösungen: Man fügt ein Prozent (v/v) DEPC hinzu, läßt die Lösungen für mindestens 12 Stunden bei 37 °C stehen und autoklaviert anschließend. DEPC reagiert mit Aminen und darf dementsprechend nicht bei Lösungen mit Chemikalien verwendet werden, die Aminogruppen enthalten (wie etwa Tris-Puffer).
3. RNasen auf Glaswaren können durch mindestens achtstündiges Backen bei 180 °C inaktiviert werden.
4. Sterile Einmalplastikwaren sind RNase-frei.

Ein dritter Unterschied zwischen RNA und DNA besteht in der wesentlich höheren Empfindlichkeit von RNA für eine Hydrolyse durch Säuren oder Basen. Daher ist es besonders wichtig, für das Arbeiten mit RNA Lösungen mit ausreichender Pufferkapazität zu verwenden. Außerdem hat man, wie wir noch sehen werden, für Arbeiten mit RNA einige Verfahren abgewandelt, die eine Behandlung mit Säuren oder Laugen umfassen.

Kunststoffhandschuhe haben nichts Magisches an sich. Wenn sie in Kontakt mit RNasen kommen, werden sie selbst zur Kontaminationsquelle.

> DEPC ist toxisch und möglicherweise auch karzinogen. DEPC reagiert mit Ammoniumionen zu Ethylcarbonat, ein bekanntes Karzinogen. Einige Protokolle empfehlen, RNA-Gele mit Ethidiumbromid in Ammoniumacetatlösung zu färben. Man sollte dies tunlichst *unterlassen*, wenn man DEPC bei der Herstellung des Geles verwendet hat.
>
> Der Elektrophoresetank kann mit DEPC behandelt, aber *auf keinen Fall* autoklaviert werden!

4.2 Welche Informationen kann ein Northern-Blot liefern?

Mit Hilfe des Northern-Blottings kann man bestimmen, ob eine bestimmte Gensonde mit einer oder mehreren RNA-Spezies einer bestimmten Zelle hybridisiert. Weiterhin kann man die Länge(n) der hybridisierenden RNA-Spezies bestimmen und erhält einen Anhaltspunkt über ihre Häufigkeit (Abbildung 4.2). Natürlich hat die Sensitivität dieser Methode ihre Grenzen. Auch beweist die Abwesenheit eines Hybridisierungssignals nicht, daß eine bestimmte RNA in einer Zelle nicht vorkommt. Es ist ebenfalls sehr schwierig, Ergebnisse von Northern-Blots für die Bestimmung von absoluten Mengen einer bestimmten RNA-Spezies in einer Zelle heranzuziehen. Diese Methode wird daher auch selten zu diesem Zweck eingesetzt. Jedoch verwendet man diese Methode häufig, um grobe Vergleiche über die Häufigkeit bestimmter RNA-Spezies in verschiedenen Zelltypen anzustellen.

> Wie in Kapitel 3 geschildert, ist das sehr fragwürdig.

Ein Fehler, den man in einer unglaublichen Vielzahl von veröffentlichten Artikeln finden kann, ist die Vorstellung, mit dem Northern-Blotting die Transkriptionsrate eines bestimmten Genes messen zu können. Das kann man nicht. Mit Hilfe des Northern-Blottings kann man einfach nur bestimmen, welche Menge einer RNA-Spezies in einer bestimmten Zelle oder einem bestimmten Gewebetyp zu einem bestimmten Zeitpunkt vorhanden ist. Die RNA-Menge ist sowohl abhängig von der Transkriptionsrate, als auch von der Rate der Degradation einer RNA. Wenn also der Northern-Blot zehnmal mehr von einer RNA-Spezies in einem Zelltyp als in einem anderen zeigt, könnte dies auf eine der folgenden Gründe zurückzuführen sein:

- Das entsprechende Gen wird im ersten Zelltyp effizienter transkribiert,
- die RNA-Spezies ist im ersten Zelltyp stabiler,
- sowohl eine erhöhte Transkription als auch eine erhöhte Stabilität führen dazu, daß man erhöhte Mengen an RNA im ersten Zelltyp findet.

Um zwischen diesen Möglichkeiten zu unterscheiden, muß man andere Verfahren heranziehen. Beispielsweise kann man nucleäre *run-on*-Experimente durchführen, um die Transkriptionsraten zu bestimmen (Marzluff und Huang 1985). Dagegen kann man die RNA-Stabilität mit Hilfe eines Northern-Blots bestimmen, auf dem sich RNA-Proben befinden, die man zu verschiedenen Zeitpunkten aus mit Actinomycin D behandelten Zellen isoliert hat. Actinomycin D verhindert dabei eine neue Transkription von Genen. Wenn man über Ergebnisse von Northern-Blots diskutiert, sollte man daher von Unterschieden in den RNA-Mengen oder der RNA-Anhäufung sprechen, und nicht von Unterschieden in der Transkription.

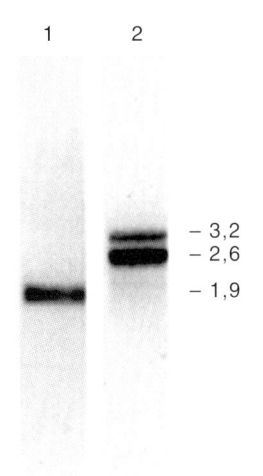

4.2 Northern-Blots von PolyA-angereicherter mRNA (2 μg pro Spur) isoliert aus der Extremitätenknospe eines Hühnerembryos. Die Blots wurden mit Sonden gegen die mRNA von *bone morphogenetic*-Protein-4 (BMP-4) (Blot 1) und BMP-2 (Blot 2) vom Huhn hybridisiert. Die Längen der mRNAs sind in Nucleotiden angegeben.

4.3 Vergleich der Mengen einer mRNA-Spezies in verschiedenen Zelltypen

4.3.1 Auftragen gleicher RNA-Mengen

Wie oben erwähnt, verwendet man den Northern-Blot allgemein, um die Mengen einer bestimmten RNA-Spezies in verschiedenen Zellen oder Geweben zu vergleichen. Ist jedoch das Hybridisierungssignal in einer Spur bedeutend stärker als in einer anderen, muß man zunächst die Möglichkeit ausschließen, daß dies einfach auf ungleiches Auftragen von RNA in den beiden Spuren zurückzuführen ist. Das wirft die Frage auf, was man eigentlich unter Auftragen von „gleichen RNA-Mengen" versteht.

Der naheliegendste Weg, die Spuren gleichmäßig zu beladen, besteht im Auftragen von gleichen Mengen an Gesamt- (oder polyadenylierter) RNA in jede Geltasche. Nur gibt es hierbei das Problem, daß sich die Häufigkeit der untersuchten RNA-Spezies aufgrund von Änderungen in der Häufigkeit *anderer* RNAs ändern können (Abbildung 4.3). Da viele (wenn nicht alle) Änderungen der RNA-Expression nur die mit relativ geringer Häufigkeit vorkommenden RNAs betreffen, ist dieser Effekt jedoch nur von geringer praktischer Bedeutung. Viele Molekularbiologen führen daher diese Art von Experimenten so durch, daß sie in jeder Spur gleiche Mengen an Gesamt- (oder polyadenylierter) RNA auftragen.

> Unterschiede in der apparenten Häufigkeit von RNA-Spezies, die auf diese Weise entstehen, können auch nicht mittels Northern-Blot nachgewiesen werden.
>
> Boten-RNAs (mRNAs) unterscheidet man von anderen RNA-Arten dadurch, daß sie – bis auf wenige Ausnahmen – einen Poly(A)-Schwanz besitzen. Polyadenylierte mRNAs extrahiert man mittels Oligo(dT)-Affinitätschromatographie aus der Gesamt-RNA (Aviv und Leder 1972).

Komplikationen, die aufgrund einer Änderung in der Häufigkeit von anderen RNAs entstehen, lassen sich vermeiden, indem man die Geltaschen jeweils mit isolierter RNA aus einer bestimmten Anzahl von Zellen oder aus einer bestimmten Menge an Gewebe belädt. Dies führt jedoch zu neuen Problemen. Beispielsweise können zwei Gewebestücke, die das gleiche Gewicht haben, unterschiedlich viele lebende Zellen enthalten. Alternativ dazu kann man die Menge an RNA aus Zell- oder Gewebeproben mit gleichem DNA-Gehalt auftragen, da der DNA-Gehalt eine grobe Richtlinie für die Zellzahl ist. Wenn man sich für eine der beiden Alternativen entscheidet, muß man mögliche Unterschiede in der Effizienz von RNA-Extraktionen aus verschiedenen Zellen oder Geweben berücksichtigen. Die Effizienz einer RNA-Extraktion kann man überprüfen, indem man zu Beginn der RNA-Isolierung jeder Zell- oder Gewebeprobe die gleiche Menge einer *in vitro* synthetisierten, ^{35}S-markierten Kontroll-RNA beimischt.

	Zelltyp A	Zelltyp B
mRNA „X"	10 Kopien pro Zelle	10 Kopien pro Zelle
mRNA „Y"	10 Kopien pro Zelle	1 Kopie pro Zelle
alle anderen RNAs	80 Kopien pro Zelle	80 Kopien pro Zelle
offensichtliche Häufigkeit der mRNA „X"	10 Prozent	12 Prozent (ungefähr)

Angenommen man möchte wissen, ob sich die Häufigkeit der mRNA „X" in den beiden Zelltypen (A und B) unterscheidet. Man lädt gleiche RNA-Mengen der beiden Zelltypen auf ein Gel, blottet es und hybridisiert mit einer Sonde gegen mRNA „X". In dem gezeigten Beispiel scheint die Häufigkeit der mRNA „X" im Zelltyp B größer zu sein als im Zelltyp A. Man kann jedoch erkennen, daß in Wirklichkeit die Häufigkeit in beiden Zellen gleich ist. Der augenscheinliche Unterschied liegt nur in der unterschiedlichen Häufigkeit einer anderen mRNA (Y), die man nicht kennt. Es wäre besser, RNA-Mengen einer RNA aus einer gleichen Zellzahl der zwei Zelltypen aufzutragen.

4.3 Man sollte vorsichtig sein, wenn man Änderungen in der mRNA-Häufigkeit feststellt.

Welches Verfahren man auch immer verwendet: Man sollte die jeweiligen Grenzen kennen und die Ergebnisse dementsprechend interpretieren. Wenn man über seine Arbeiten berichtet, sollte man klar darlegen, was man gemacht hat, damit andere über die Gültigkeit der Schlußfolgerungen urteilen können.

Wenn man sich entscheidet, gleiche Mengen von Gesamt- (oder polyadenylierter) RNA in eine Spur zu laden, darf man nicht annehmen, daß zwei RNA-Proben, die im Spektrophotometer identische Werte ergeben, auch identische Mengen an intakter mRNA enthalten. Wenn man dies tut, kann es zu folgenden Problemen kommen:

- Die Proben können mit verschiedenen Mengen an genomischer DNA kontaminiert sein,
- die RNA in einer Probe kann teilweise degradiert sein,

- wenn die Proben aus Oligo(dT)-selektierter polyadenylierter RNA besteht, kann der Grad der Anreicherung von polyadenylierter RNA in zwei Proben schwanken.

Wie umgeht man diese Probleme? Man sollte die Qualität der RNA vor Gebrauch immer kontrollieren. Hierzu trennt man einen Aliquot auf einem Agarosegel mit Ethidiumbromid auf. Das gibt Auskunft darüber, ob die RNA intakt ist und ob die Proben etwa die gleichen Mengen an RNA enthalten (Abbildung 4.4). Dennoch kann man sich nie ganz sicher sein, daß etwas, was heute gut aussieht, auch morgen noch in Ordnung ist. In der Zwischenzeit könnte nämlich eine der Proben degradiert sein.

Eine andere Möglichkeit wäre, daß die polyadenylierten RNA-Proben mit verschiedenen Mengen an ribosomaler RNA, an Transfer-RNA oder nicht prozessierter RNA verunreinigt sind.

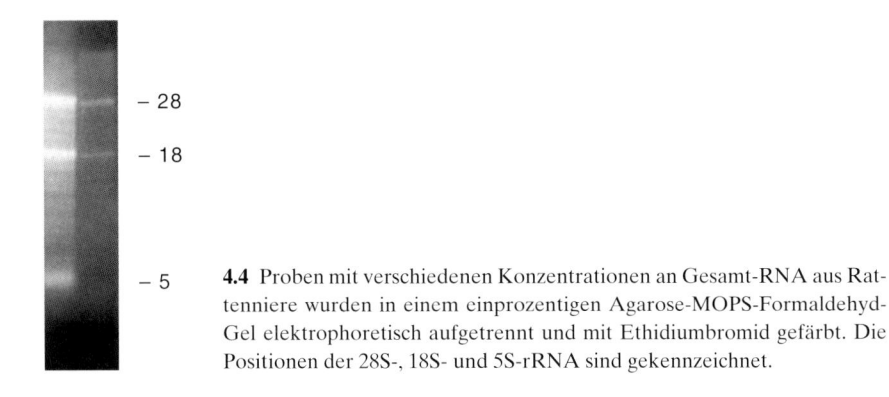

– 28

– 18

– 5   **4.4** Proben mit verschiedenen Konzentrationen an Gesamt-RNA aus Rattenniere wurden in einem einprozentigen Agarose-MOPS-Formaldehyd-Gel elektrophoretisch aufgetrennt und mit Ethidiumbromid gefärbt. Die Positionen der 28S-, 18S- und 5S-rRNA sind gekennzeichnet.

Daher ist es besser, die Qualität der elektrophoretisch aufgetrennten RNA auf dem Gel zu untersuchen, das man zu blotten gedenkt, indem man das Gel nach der Elektrophorese mit Ethidiumbromid färbt. Aus Gründen, die in Abschnitt 4.4.4 diskutiert werden, ist dies jedoch nicht wünschenswert. Die beste Methode besteht darin, den Blot mit der Sonde gegen die gewünschte RNA zu hybridisieren, die Sonde anschließend abzuwaschen (das heißt, den Blot zu „strippen") und den Blot ein zweites Mal mit einer Sonde zu hybridisieren. Diese Sonde sollte gegen eine RNA-Spezies gerichtet sein, von der man weiß, daß sie in allen untersuchten Zelltypen in gleicher Menge vorliegt. Gibt die zweite Sonde in allen Spuren ähnlich starke Autoradiographiesignale, kann man davon ausgehen, daß man ähnliche Mengen an intakter mRNA aufgetragen hat (Abbildung 4.5). Das wirft die Frage auf, welche Kontrollsonde man verwenden sollte. Viele Molekularbiologen verwenden eine Sonde für die β-Actin-mRNA. Sie setzen dabei voraus, daß die Mengen dieser mRNA in den Zelltypen, die sie verwenden, gleich sind. Meistens ist diese Vermutung richtig, aber es gibt auch Ausnahmen. Andere Kontrollen sind Sonden gegen β-Tubulin- oder Glucose-6-Phosphat-Dehydrogenase-mRNA. Wichtig ist nur, daß die verwendete Kontrollsonde tatsächlich für das jeweilige System geeignet ist.

Einer von uns hat herausgefunden, daß sich die β-Actin-mRNA-Mengen in promyelocytischen HL60-Zellen ändern, wenn man die Zellen zur Differenzierung induziert.

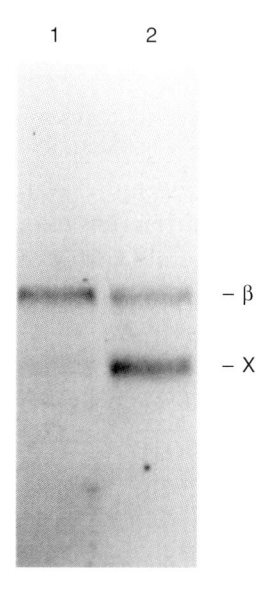

4.5 Der cDNA-Klon „X" wurde aus einer Bibliothek mittels eines differentiellen Screening-Protokolls isoliert. Dieses Verfahren wurde zur Identifizierung von mRNAs entwickelt, die in mit dem Epstein-Barr-Virus (EBV) infizierten BL-Zellen häufiger vorkommen, als in nicht infizierten Zellen (Brickell und Patel 1988). PolyA-angereicherte mRNA von nicht infizierten (1) und EBV-infizierten (2) BL-Zellen wurden auf einem Agarosegel elektrophoretisch aufgetrennt, auf eine Nylonmembran geblottet und mit dem radioaktiv markierten Klon X hybridisiert. Die Sonde weist eine 800 Nucleotide lange mRNA (X) nach. Die Membran wurde mit einer Sonde gegen die 1,8 kb lange β-Actin-mRNA (β) rehybridisiert. Unter der Annahme, daß die β-Actin-mRNA-Mengen in beiden Zelltypen gleich sind, zeigt das Ergebnis, daß die X-mRNA in EBV-infizierten BL-Zellen tatsächlich häufiger vorhanden ist, als in nicht infizierten Zellen.

4.3.2 Quantifizierung

Nachdem man gezeigt hat, daß ein Unterschied in der Intensität der Autoradiographiesignale in zwei verschiedenen Spuren tatsächlich auf eine unterschiedliche mRNA-Anhäufung in zwei verschiedenen Zelltypen zurückzuführen ist, stellt sich die Frage: Kann man sie quantifizieren? Die Antwort ist: Ja – aber mit größter Vorsicht. Zunächst muß man voraussetzen, daß die Menge an gebundener radioaktiver Sonde proportional zur Menge an vorhandener spezifischer mRNA ist. Dann muß man einen Weg finden, um die Menge an gebundener radioaktiver Sonde messen zu können. Hierfür stehen drei Wege zur Verfügung:

- Szintillationszählung von ausgeschnittenen Banden,
- Scanning-Densitometrie,
- Quantifizierung mittels Phosphorimager.

Szintillationszählung von ausgeschnittenen Banden

Die Membran wird auf die Autoradiographie gelegt und mit einem Skalpell diejenigen Teile aus der Membran ausgeschnitten, die dem Signal auf der Autoradiographie entsprechen. Die Membranstücke gibt man in Szintillationsflüssigkeit und verwendet einen Szintillationszähler, um die Menge an radioaktiver Sonde zu messen, die an jedem einzelnen Membranstück gebunden hat. Dies liefert eine ziemlich zuverlässige Schätzung über die relativen RNA-Mengen in den verschiedenen Banden.

Die Membran kann man natürlich nicht wiederverwenden.

Scanning-Densitometrie

Die Intensitäten der Autoradiographiesignale können mit einem Scanning-Densitometer gemessen werden. Dieses Gerät genießt hohes Ansehen, birgt aber einige grundlegende Nachteile. Der wichtigste Nachteil besteht darin, daß die Reaktion eines Röntgenfilms auf ein radioaktives Signal nur in einem sehr begrenzten Bereich linear ist (Kapitel 5, Abbildung 5.5). Die relativen Mengen der gebundenen Sonden von zwei Spuren kann man nur genau bestimmen, wenn die

Autoradiographiesignale in beiden Spuren im linearen Bereich des Filmes liegen. Das wirft nun zwei Probleme auf:

- Was ist eigentlich der lineare Bereich eines Filmes? Diese Frage läßt sich eigentlich nur mit einer Kalibrierung des Filmes beantworten (aber bestimmt nicht durch bloßes Raten). Man kann dies bereits vorher machen, indem man zum Beispiel ein DNA-Fragment radioaktiv markiert, davon verschiedene Verdünnungen in die Geltaschen eines Agarosegeles lädt, die Proben elektrophoretisch auftrennt, mit dem Gel einen Röntgenfilm für eine genau festgelegte Zeit belichtet und schließlich im Scanning-Densitometer die Intensität der Autoradiographiesignale in allen Spuren mißt. Indem man in einem Diagramm die Densitometerwerte gegen die DNA-Verdünnung aufträgt, kann man den Bereich derjenigen Werte bestimmen, die für die verwendete Belichtungszeit im linearen Bereich des Filmes liegen. Eine solche Messung müßte man für einen ganzen Bereich von verschiedenen Belichtungszeiten durchführen und dann die günstigste Belichtungszeit für das Northern-Blot-Experiment auswählen.
- Das zweite Problem ist, daß es schwierig sein kann, eine Belichtungszeit zu finden, bei der beide Signale im linearen Bereich des Filmes liegen. Das ist der Fall, wenn man die Intensitäten der Autoradiographiesignale in zwei Spuren eines Northern-Blots (mit zwei verschiedenen RNA-Proben) vergleichen will, man aber feststellt, daß sehr unterschiedliche Intensitäten vorliegen. In diesem Fall sollte man ein Gel, das man mit Verdünnungsreihen aller Proben beladen hat, blotten und hybridisieren. Nach Bestimmung der Densitometerwerte für beide Verdünnungsreihen sollte es möglich sein, den linearen Bereich des Filmes zu bestimmen, die entsprechenden Werte aus diesem Bereich auszuwählen, sie mit dem zugehörigen Verdünnungsfaktor zu multiplizieren und so zu einer Schätzung über die relative Häufigkeit der gewünschten mRNA in der Probe zu gelangen.

Wenn man mehr als zwei Proben miteinander vergleichen möchte, kann so ein Experiment sehr schnell ins Uferlose ausarten.

Quantifizierung mittels Phosphorimager

Das klingt alles nach viel harter Arbeit, verbunden mit vielen stupiden Wiederholungen und zweifelhaftem Erfolg. Allerdings kann man sich das sparen und einen Phosphorimager kaufen. Diese wundervolle Maschine tastet förmlich die Membran ab und erstellt eine Darstellung auf dem Computer, der einer Autoradiographie gleicht. Mit Hilfe einer Computer-Software kann man die von jeder Bande ausgehende Menge an Radioaktivität berechnen.

Damit sollte klargeworden sein, daß eine Quantifizierung der relativen Häufigkeit von mRNA-Spezies in verschiedenen Zell- und Gewebetypen zwar möglich, aber mit Schwierigkeiten verbunden ist. Bei großen Unterschieden in der Häufigkeit (mehr als fünf- oder zehnfach), kann man die Daten mit einiger Sicherheit interpretieren. Bei kleineren Unterschieden sollte man Vorsicht walten lassen.

4.4 Gelelektrophorese von RNA-Proben

Wir haben die Probleme, die bei der Interpretation von Northern-Blots auftreten können, besprochen und haben erfahren, wie dies die Gestaltung eines Experiments beeinflußt. Wie macht man nun einen Northern-Blot?

4.4.1 Gelsysteme

Wie die DNA, kann man auch verschieden lange RNA-Moleküle mit Hilfe der Elektrophorese durch Agarose- oder Polyacrylamidgele auftrennen. Wir werden uns in unserer Erörterung auf die Agarosegele beschränken, die mit Abstand das am häufigsten verwendete Hilfsmittel zur Analyse von RNA-Populationen sind. Allgemein gibt es zwei Systeme zur Durchführung einer Agarosegelelektrophorese von RNA-Proben unter denaturierenden Bedingungen. Beim ersten, das man als Formaldehydgel kennt, enthalten sowohl der Probenauftragspuffer als auch das Agarosegel selbst als denaturierendes Agens Formaldehyd (Lehrach *et al.* 1977). Beim zweiten, das man Glyoxalgel nennt, denaturiert man die RNA-Proben vor dem Auftragen in einer Mischung aus Glyoxal und Dimethylsulfoxid (DMSO) (Thomas 1980).

Das Gel selbst enthält kein Glyoxal.

Zunächst entscheidet man sich, welches Gelelektrophoresesystem man anwenden möchte. Die meisten verwenden Formaldehydgele, da die Durchführung einfacher ist, als bei Glyoxalgelen und sie eine vergleichbare Auflösung besitzen. Die RNA-Banden sind jedoch nach einem anschließenden Northern-Blot schärfer, wenn man die RNA auf einem Glyoxalgel auftrennt. Unter Umständen kann dies von Bedeutung sein.

4.4.2 Formaldehydgele

Formaldehyd denaturiert RNA, indem es kovalent mit den Aminogruppen von Adenin, Guanin und Cytosin reagiert. Es verhindert so die Bildung von G–C- und A–T-Basenpaaren. Natürlich verhindert Formaldehyd auch die Hybridisierung einer Sonde an die RNA, die sich nach dem Blotten auf der Membran befindet. Die Reaktion von Formaldehyd mit RNA muß man daher nach dem Blotten und vor der Hybridisierung wieder rückgängig machen.

Formaldehyd hat die Struktur:
$$H - \overset{\overset{O}{\|}}{C} - CH_3$$
Da Formaldehyd mit Proteinen quervernetzt, unterstützt es auch eine Inaktivierung von RNasen im Gel.

Herstellung von Formaldehydgelen

Die Zusammensetzung eines Formaldehydgeles unterscheidet sich von einem Standardagarosegel für die Elektrophorese von DNA. Jedoch sollte man die gleichen generellen Prinzipien der Gelherstellung beachten (Kapitel 2, Abschnitt 2.3). Zur Herstellung eines Formaldehydgeles benötigt man MEA-Puffer, Formaldehyd, deionisiertes Wasser von guter Qualität und Agarose.

Wie wir in Kapitel 2, Abschnitt 2.3 bereits besprochen haben, sollte man qualitativ hochwertige Agarose verwenden.

Der MEA-Puffer besteht aus 3-(N-Morpholino)propansulfonsäure (MOPS), EDTA und Natriumacetat. Das MOPS und das Natriumacetat puffern das Gel. MOPS wird dem Tris vorgezogen, da Formaldehyd mit den Aminogruppen von Tris reagieren würde. Das EDTA ist notwendig, um zweiwertige Kationen zu komplexieren, wodurch es zu einer Inhibition von Nucleasen kommt.

10 × MEA-Puffer besteht aus 200 mM MOPS (Natriumsalz), 50 mM Natriumacetat pH 7,0 und 10 mM EDTA.

MEA-Puffer kann man als Vorrat in Form einer fünffach oder zehnfach konzentrierten Stammlösung herstellen. Die meisten Laborhandbücher raten, den MEA-Puffer mittels Filtration zu sterilisieren, da MOPS beim Autoklavieren zerfällt. Das ist jedoch sehr ermüdend, wenn man ein großes Volumen an Stammlösung sterilisieren muß. Tatsächlich gibt es beim Autoklavieren vom MEA-Puffer keine Probleme, wenn man einen 20-minütigen Standardzyklus wählt. Bei längerer Lagerung des MEA-Puffers bei Licht zerfällt das MOPS. Der MEA-Puffer wird dann zunehmend gelber, und nach einiger Zeit verliert er seine Pufferkapazität. Daher lagern wir den MEA-Puffer grundsätzlich im Kühlschrank im Dunkeln.

Nach dem Autoklavieren wird der MEA-Puffer leicht strohfarben, was das Experiment aber nicht negativ beeinflußt.

Man verwendet Formaldehyd mit einem AnalaR-Qualitätsgrad (AnalaR ist ein Warenzeichen zur Kennzeichnung besonderer Reinheit bei Feinchemikalien), das als 37-prozentige (v/v) Lösung (12,3 M) in Wasser vorliegt. Formaldehyd kann zu Ameisensäure oxidieren, die RNA durch saure Hydrolyse zerstört. Ist der pH von Formaldehyd unter 4,0, sollte es nicht mehr verwendet werden. Formaldehyd ist eine flüchtige Chemikalie, und die Dämpfe sind toxisch und hochgradig reizend. Daher muß man damit unter einem Abzug arbeiten.

Formaldehyddämpfe sind sowohl toxisch als auch unangenehm.

Die Ameisensäure kann durch Deionisierung der Lösung entfernt werden. Es handelt sich aber um eine unangenehme Arbeit.

Wenn die Gelapparatur zusammengebaut ist, löst man die Agarose durch Kochen in einem geeigneten Volumen Wasser auf (Kapitel 2, Abschnitt 2.3.3). Für die Analyse von RNA bis zu einer Länge von etwa 3 kb stellen wir routinemäßig Gele mit einer Agaroseendkonzentration von 1,5 Prozent (w/v) her. Für die Analyse längerer RNAs ist ein einprozentiges (w/v) Agarosegel besser. Die Agaroselösung stellt man unter den Abzug und gibt die entsprechende Menge an MEA-Puffer und Formaldehyd hinzu, nachdem die Agarose auf 60 °C abgekühlt ist. Die Endkonzentration von Formaldehyd im Gel beträgt 1,11 Prozent. Die Gellösung wird schnell durch leichtes Schwenken gemischt. Dabei sollte die Bildung von Luftblasen vermieden werden. Anschließend gießt man sie in die Gelapparatur, wie wir es in Kapitel 2, Abschnitt 2.3.3 beschrieben haben. Das Gel gießt man unter dem Abzug und läßt es für mindestens 30 Minuten fest werden. Anschließend legt man es in die Elektrophoresekammer und überschichtet es mit Laufpuffer. Das Netzgerät wird so angeschlossen, daß man es bei Bedarf sofort anschalten kann. Wenn möglich, sollte man das Gel unter einem Abzug laufen lassen, da die Erwärmung des Geles Formaldehyddämpfe erzeugt. Sie sind im allgemeinen nicht so stark, weshalb man das Gel auch auf dem offenen Arbeitstisch laufen lassen kann, vorausgesetzt, man beugt sich nicht zu sehr über die Apparatur und atmet nicht zu tief ein, wenn man nach der Elektrophorese den Deckel von der Gelkammer abnimmt. Natürlich sollte man auch ein Warnzeichen auf die Apparatur kleben, damit Kollegen die Dämpfe nicht versehentlich einatmen.

Wenn man das Formaldehyd oder den MEA-Puffer bei höheren Temperaturen dazu gibt, erzeugt man Formaldehyddämpfe und degradiert darüber hinaus das MOPS.

Herstellung von RNA-Proben für Formaldehydgele

Es würde den Rahmen dieses Buches sprengen, die Methoden zur Isolierung von RNA aus Zellen zu besprechen. Die Beschreibung dieser Methoden findet man bei Wilkinson (1991). Wir setzen voraus, daß man bereits qualitativ gute, in Wasser gelöste RNA-Proben bekannter Konzentration in seinem −70 °C-Gefrierschrank hat. Wir haben oben bereits erwähnt, daß RNA durch RNasen abgebaut wird, und daß es keine gute Idee ist, sie länger als notwendig in welcher Form auch immer im nicht gefrorenen Zustand stehen zu lassen. Deshalb läßt man die RNA so lange wie möglich im Gefrierschrank. Bevor man die RNA auftaut, sollte man das Gel gießen, die Elektrophoreseapparatur zusammenbauen, das Netzgerät einrichten, den Auftragspuffer herstellen und verteilen, sowie die Menge an RNA errechnen, die in jede Geltasche eingefüllt werden muß.

> Es gibt nichts Schlimmeres, als nach einem Netzgerät zu suchen oder sich in komplizierten Berechnungen der RNA-Konzentrationen zu ergehen, während die aufgetauten RNA-Proben degradieren.

Der Auftragspuffer, den wir verwenden, enthält MEA-Puffer, Formaldehyd und Formamid. Diese drei Bestandteile sollten bei Gebrauch im Verhältnis 1:1,8:5 (MEA-Puffer:Formaldehyd:Formamid) frisch angesetzt werden. Den MEA-Puffer und das Formaldehyd kann man den gleichen Stammlösungen entnehmen, die man zur Herstellung des Geles verwendet. Formamid ist oft mit Ionen wie Ammoniumformiat verunreinigt. Einige von ihnen können RNA hydrolysieren. Es ist daher sehr wichtig, sie durch Deionisieren zu entfernen. Hierfür fügt man einen Mischbett-Ionenaustauscherharz hinzu, etwa 20 Prozent (w/v) Dowex XG8, rührt es für eine Stunde und filtriert es zweimal durch Whatman-No.1-Papier. Kleine Portionen von deionisiertem Formamid lagert man bei $-20\,°C$.

> Das Formamid bricht Wasserstoffbrückenbindungen auf und ermöglicht so dem Formaldehyd, mit den Basen zu reagieren.

Gibt man drei Volumina dieses Auftragspuffers zu einem Volumen RNA-Probe in Wasser, ist die Mischung dicht genug, um sie ohne weiteres in die Geltaschen eines eingetauchten Geles füllen zu können. Darüber hinaus kann man durch die Brechungseigenschaften der Mischung verfolgen, daß sie richtig in die Geltaschen eingefüllt wurden, obwohl dies einige Übung erfordert. Manche Molekularbiologen mischen dem Auftragspuffer zusätzlich Glycerin bei, um die Mischung noch dichter und das Beladen des Geles einfacher zu machen. Man kann auch Bromphenolblau und Xylencyanol-FF zum Auftragspuffer geben, um das Einfüllen in die Geltasche besser verfolgen zu können. Wir verzichten in unserem Auftragspuffer auf Glycerin und Markerfarbstoffe, weil wir der Meinung sind, daß unsere RNA umso weniger Schaden erleiden kann, je weniger Dinge in der Probe sind. Falls man aber auf den Markerfarbstoff verzichtet, sollte man daran denken, etwas davon in eine aufgesparte Geltasche am Rande des Geles zu füllen, da man das Ende der Gelelektrophorese nur durch die Wanderung des Markerfarbstoffes richtig beurteilen kann. Es kann sein, daß wir in diesem Punkt ein wenig paranoid sind.

Wieviel RNA sollte man auftragen?

Um zu entscheiden, wieviel RNA man in jede Geltasche füllt, sollte man folgende Punkte immer bedenken:

- Vor dem Beladen mischt man jede RNA-Probe mit dem dreifachen Volumen an Auftragspuffer. Das Endvolumen der Probe darf das Fassungsvermögen der Geltasche nicht übersteigen. Deshalb kontrolliert man das Höchstvolumen der Geltasche. Abhängig von der Apparatur, liegt es gewöhnlich zwischen 25 μl und 50 μl.
- Maximal 20 μg RNA sollte man in eine Standardgeltasche von 3 × 1 mm füllen, da sonst die Auflösung des Geles oder die Schärfe der jeweiligen RNA-Banden beeinträchtigt wird.

Wir erhalten schärfere Banden, wenn wir diese RNA-Menge in breitere Geltaschen oder zwei zusammengeklebte 3 × 1 mm-Geltaschen laden.

Tabelle 4.1: Typische Häufigkeit von verschiedenen RNA-Arten in einer eukaryontischen Zelle

Nucleäre mRNA-Vorläufer	6 Prozent
Nucleäre rRNA-Vorläufer	4 Prozent
Nucleäre tRNA-Vorläufer und kleine nucleäre RNAs	1 Prozent
Cytoplasmatische ribosomale RNA (rRNA)	71 Prozent
Cytoplasmatische Transfer-RNA (tRNA)	15 Prozent
Cytoplasmatische Boten-RNA (mRNA)	3 Prozent

- Im allgemeinen ist das Ziel eines Northern-Blot-Experiments der Nachweis einer spezifischen mRNA. Dabei sollte man beachten, daß die mRNA nur einen sehr kleinen Anteil der gesamten zellulären RNA stellt (Tabelle 4.1).
- Anschließend schätzt man die wahrscheinliche Häufigkeit der spezifischen mRNA, die man nachweisen möchte. Wenn sie relativ häufig ist (ein grober Anhaltspunkt sind mehr als 0,1 Prozent der gesamten mRNAs in der Zelle), genügt es, 10–20 μg RNA pro Geltasche aufzutragen. Um seltenere mRNAs nachzuweisen, müßte man mehr als 20 μg Gesamt-RNA pro Geltasche einsetzen. Das ist allerdings, wie schon oben erwähnt, keine gute Idee. Dann sollte man besser RNA verwenden, die mit polyadenylierter mRNA angereichert ist. Dies wird mit einer Affinitätschromatographie er-

reicht, bei der man Oligo(dT) verwendet. Zwar könnte man 20 μg von dieser RNA pro Geltasche laden, jedoch reichen gewöhnlich 1–5 μg aus. Dies sind vage Überlegungen, und man kommt vielleicht nicht umhin, die benötigte RNA-Menge empirisch zu bestimmen. Kann man also die gesuchte mRNA nicht nachweisen, wenn man 20 μg Gesamt-RNA aufträgt, sollte man mit polyadenylierter mRNA angereicherte Proben verwenden. Erhält man andererseits mit 20 μg Gesamt-RNA ein sehr starkes Signal, kann man in den darauffolgenden Experimenten die Menge reduzieren.
- Schließlich sollte man daran denken, eine Verdünnungsreihe von jeder Probe aufzutragen, wenn man die autoradiographischen Signale mit Hilfe der Scanning-Densitometrie quantifizieren möchte (Abschnitt 4.3.2 *Scanning-Densitometrie*).

Am Ende dieser Überlegungen sollte man sich entschieden haben, wieviel man von den RNA-Proben nehmen und wieviel Auftragspuffer (das dreifache Volumen der Probe) man hinzufügen will. Das Endvolumen sollte weniger betragen, als das maximale Fassungsvermögen einer Geltasche.

Die richtige Anzahl von sauberen Gefäßen mit Schnappverschluß werden beschriftet und in jedes einzelne die benötigte Auftragspuffermenge verteilt. Mindestens ein zusätzliches Gefäß sollte man für den Längenmarker vorbereiten (Abschnitt 4.4.4). Jetzt kann man die RNA-Proben auftauen. Man sollte sie schnell und vollständig auftauen, den Inhalt vorsichtig mischen und sie ins Eis stecken. Die erforderliche Menge jeder einzelnen RNA-Probe wird in die entsprechenden Gefäße verteilt, wobei man gleichzeitig die Probe mit dem Auftragspuffer mischt. Vor dem Auftragen der vorbereiteten RNA auf das Gel muß man die RNA durch eine 15-minütige Inkubation bei 65 °C vollständig denaturieren. Während dieser Zeit lassen manche das Agarosegel fünf Minuten lang bei 5 Volt/cm vorlaufen (Kapitel 2, Abschnitt 2.3.6). Nach alten Protokollen hat man die RNA vor der Elektrophorese in Gegenwart von Methylquecksilberhydroxyd denaturiert (Bailey und Davidson 1976). Diese Verbindung ist hoch toxisch, und wir empfehlen niemandem, dieses altertümliche Verfahren wiederzubeleben.

Andere Molekularbiologen empfehlen für die Denaturierung der RNA eine zwei minütige Inkubation bei 95 °C. Wie das Formamid, löst auch die Hitze Wasserstoffbrückenbindungen auf und ermöglicht es dem Formaldehyd, mit den Basen zu reagieren.

Wenn man die Proben nicht vollständig auftaut, unterscheidet sich die RNA-Konzentration im aufgetauten Anteil von der im gefrorenen und konsequenterweise auch von der in der komplett aufgetauten Lösung, die man zur Bestimmung der RNA-Konzentration verwendet hat.

Sobald man mit den RNA-Proben fertig ist, sollte man sie wieder in den Gefrierschrank zurück stellen.

Elektrophorese von Formaldehydgelen

Berücksichtigt man die allgemeinen Punkte über die Agarosegelelektrophorese von Kapitel 2, Abschnitt 2.3.6, sollten Formaldehydgele bei 3–4 Volt/cm laufen. Nach Beendigung des Laufes, den man mit Hilfe des Verlaufs des Farbstoffmarkers feststellt, nimmt man das Gel vorsichtig aus der Apparatur heraus. Formaldehydgele sind zerbrechlicher als nicht-denaturierende Agarosegele und sollten daher mit großer Vorsicht behandelt werden. Aus diesem Grund, und um eine Diffusion von RNA im Gel und einen Abbau von RNA durch RNasen auf ein Minimum zu verringern, sollte man die Anzahl der Arbeitsschritte mit dem Gel vor dem Blotten begrenzen. Einige Protokolle schlagen vor, das Gel in DEPC-behandeltem Wasser zu waschen, um das Formaldehyd zu entfernen und in Natriumhydroxidlösung zu inkubieren, um die RNA partiell zu hydrolysieren und so den Transfer auf die Membran zu erleichtern. Unser Rat ist, auf all diese Schritte zu verzichten und das Gel sofort nach der Entnahme aus der Gelapparatur zu blotten.

Unter dem Deckel können sich Formaldehyddämpfe angesammelt haben. Also beim Abheben des Deckels nicht zu nah herangehen oder zu tief einatmen.

Eine Natriumhydroxidbehandlung ist nur notwendig, wenn man Schwierigkeiten beim Nachweis von langen RNAs hat.

4.4.3 Glyoxalgele

Glyoxal denaturiert RNA, indem es kovalent an Guanin-Reste bindet und so die Bildung von G–C-Paarungen verhindert. Wie Formaldehyd, verhindert auch Glyoxal die Hybridisierung einer Sonde mit der auf eine Membran geblotteten RNA. Daher muß man die Reaktion von Glyoxal mit Guanin nach der Elektrophorese entweder vor oder nach dem Blotten wieder rückgängig machen.

Glyoxal hat die Struktur:

$$\begin{array}{c} H \quad\quad\quad H \\ \diagdown \quad\quad\quad \diagdown \\ C - C \\ \diagup\diagdown \quad \diagup\diagdown \\ O \quad\quad\quad O \end{array}$$

Herstellen eines Glyoxalgeles

Glyoxalgele selbst enthalten kein Glyoxal. Vielmehr befindet sich das Glyoxal in den RNA-Proben, die man auf das Gel aufträgt. Glyoxalgele stellt man einfach her, indem man Agarose in Natriumphosphatpuffer durch Kochen auflöst (Kapitel 2, Abschnitt 2.3.1). Nach dem Abkühlen der Gellösung auf 70 °C fügt man festes Natriumjodacetat in einer Endkonzentration von 10 mM hinzu. Der Sinn des Jodacetats liegt in der Inaktivierung von RNase A, indem es mit den Disulfidbindungen des Proteins interferiert. Natriumjodacetat benötigt man nicht in Formaldehydgelen, da das Formaldehyd selbst RNasen inaktiviert.

Die Wechselwirkung zwischen Glyoxal und Guanin ist bei hohem pH instabil.

Die Konzentration der Agarose sollte 1–1,5 Prozent (w/v) betragen, wie in Abschnitt 4.4.2 *Herstellen von Formaldehydgelen* besprochen.

Natriumjodacetat ist toxisch und dementsprechend mit Vorsicht zu verwenden.

Sobald die Gelmischung auf 50 °C abgekühlt ist, kann man sie in die Gelapparatur gießen.

Herstellen von RNA-Proben für Glyoxalgele

Wie schon zuvor beschrieben, sollte man die RNA-Vorräte nicht auftauen, bis man sie tatsächlich benötigt. Vor dem Auftragen auf ein

Glyoxalgel denaturiert man die RNA durch Inkubation bei 50 °C für eine Stunde in Gegenwart von Glyoxal und DMSO. Das DMSO und die hohe Temperatur brechen intramolekulare Wasserstoffbrückenbindungen auf. Dies ermöglicht dem Glyoxal, mit den Guanin-Resten zu reagieren. Natriumphosphat dient in der Mischung als Puffer. Dabei sollte folgendes beachtet werden:

- Glyoxal erhält man gewöhnlich als 40-prozentige (6,89 M) wäßrige Lösung. Glyoxal oxidiert an der Luft leicht zu Glyoxalsäure. Diese hydrolysiert RNA und muß deshalb vor Gebrauch entfernt werden. Dies geschieht durch Deionisieren der Lösung. Dazu läßt man sie durch ein Mischbett-Harz, wie etwa Bio-Rad-AG 501-X8, laufen, bis der pH über 5,0 liegt. Das deionisierte Glyoxal bewahrt man in kleinen Portionen in gut verschlossenen Röhrchen bei –20 °C auf. Hat man einmal ein Röhrchen geöffnet, sollte man den Inhalt verbrauchen oder wegwerfen.

Glyoxalsäure liegt in Lösung in ionischer Form vor und bindet an das Harz. Das nicht ionische Glyoxal bleibt in Lösung.

- Qualitativ hochwertiges DMSO kann man direkt aus der Originalflasche verwenden.
- Die meisten Handbücher empfehlen, den Vorrat an Natriumphosphatpuffer mit DEPC zu behandeln, um RNasen zu inaktivieren, und anschließend den Puffer durch Autoklavieren zu sterilisieren.

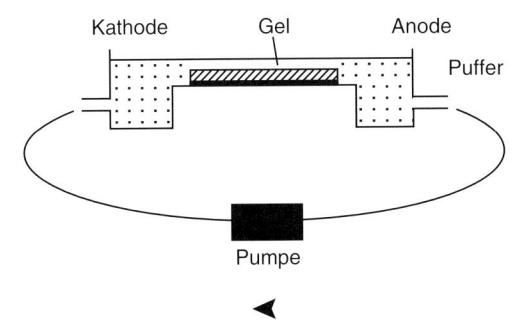

4.6 Querschnitt eines Gelelektrophoresetanks, der die Zirkulation des Puffers während der Agarosegelelektrophorese veranschaulicht.

Elektrophorese von Glyoxalgelen

Glyoxalgele läßt man in Natriumphosphatpuffer bei 3-4 Volt/cm laufen. Es ist sehr wichtig, daß sich während der Elektrophorese entlang des Geles kein großer pH-Gradient aufbaut, da das Glyoxal bei einem pH-Anstieg über 8,0 von der RNA dissoziiert. Indem man den Puffer, der sich zwischen den Reservoirs zu beiden Enden des Geles befindet, zirkulieren läßt, kann man einen gleichmäßigen pH aufrecht erhalten (Abbildung 4.6). Eine technisch einfachere, aber arbeitsaufwendigere Lösung des Problems ist, den Natriumphosphatlaufpuffer während der Elektrophorese alle 30 Minuten durch frischen Puffer zu ersetzen.

Nach der Elektrophorese muß man das Glyoxal von der RNA entfernen. Falls man auf eine Nylonmembran blotten will, kann man das Glyoxal nach dem Blotten entfernen. Hierzu legt man die Membran in 20 mM Tris-HCl (pH 8,0) oder in 50 mM Natriumhydroxid. Alternativ dazu kann man das Gel vor dem Blotten mit Natriumhydroxid behandeln. Die möglichen Vorteile der letztgenannten Variante sind, daß

- Natriumhydroxid die RNA auch partiell hydrolysiert und so die Transfereffizienz von langen RNAs auf die Membran erhöht, und
- die RNA ohne weitere Behandlung irreversibel an die Nylonmembran bindet, wenn das Blotten unter alkalischen Bedingungen erfolgt (Abschnitt 5).

Der Nachteil einer Behandlung des Geles vor dem Blotten ist, daß die RNA im Gel leichter diffundieren kann, was zu unscharfen Banden führen kann.

Bei einem Einsatz von Nitrocellulosefiltern sollte man das Glyoxal nach dem Blotten durch Einlegen des Filters in 20 mM Tris-HCl (pH 8,0) entfernen.

Nitrocellulosefilter werden während einer Natriumhydroxidbehandlung sehr brüchig. Daher sollte man eine solche Behandlung vermeiden.

4.4.4 Längenmarker

DNA-Fragmente mit bekannter Länge eignen sich nicht als Marker auf Formaldehydgelen, da DNA- und RNA-Moleküle gleicher Länge mit unterschiedlicher Geschwindigkeit wandern. Jedoch können glyoxylierte einzelsträngige DNA-Fragmente mit bekannter Länge verwendet werden, da diese mit der gleichen Geschwindigkeit wandern wie glyoxylierte RNA-Moleküle der gleichen Länge. Es gibt noch andere Möglichkeiten:

- Man kann 28S- und 18S-rRNA oder
- andere RNAs mit bekannter Länge verwenden.

Nach der Inkubation bei 50 °C kühlt man die RNA-Proben auf Eis. Gegebenenfalls muß man die Gefäße kurz zentrifugieren, da ein Teil der Lösung während der Inkubation verdampft ist und sich auf dem Gefäßdeckel niedergeschlagen hat. Anschließend mischt man die Proben mit dem Glyoxal-Probenauftragspuffer, der außerdem Glycerin, Bromphenolblau und Xylencyanol-FF und Natriumphosphatpuffer enthält, und trägt sie sofort auf das Gel auf.

In Formaldehydgelen wandern RNA-Moleküle schneller als DNA-Moleküle gleicher Länge.
Um hitzedenaturierte DNA zu glyoxylieren, behandelt man sie genau wie RNA.

28S- und 18S-rRNA-Längenmarker

Die einfachste Möglichkeit ist, die 28S-rRNA und die 18S-rRNA als Marker in den RNA-Proben zu verwenden (Abbildung 4.3). Jeder stimmt zu, daß dies eine gute Idee ist, aber es gibt keine zwei Lehrbücher oder Laborhandbücher, die darin übereinstimmen, wie lang die menschliche 28S- und 18S-rRNA eigentlich ist. Darnell *et al.* (1990) behaupten, daß sie 5,1 kb und 1,9 kb lang sind. Das sind auch die Werte, die wir verwenden. Wenn man mit Pflanzen-RNA arbeitet, können auch die Chloroplasten-RNAs (23S und 16S) sichtbar sein. Bakterien haben ebenfalls 23S- und 16S-rRNAs (2904 und 1541 Nucleotide in *Escherichia coli*). In einigen Spezies aber liegen eines oder beide Moleküle in Form von zwei oder mehr Fragmenten vor.

Die angeführte Länge der menschlichen 28S-rRNA liegt zwischen 4,2 kb und 6,3 kb. Viele Laborhandbücher preisen die 28S- und die 18S-rRNA aufs wärmste als Längenmarker an, aber teilen nirgendwo ihre Längen mit.

Die Längen von 28S- und 18S-rRNAs unterscheiden sich in den verschiedenen Organismen. Zum Beispiel sind sie im Huhn 4,6 kb und 1,8 kb lang (Darnell *et al.* 1990).

In Formaldehydgelen kann man die rRNAs sichtbar machen, indem man während der Elektrophorese Ethidiumbromid in das Gel hineingibt und es dann unter dem UV-Licht betrachtet (Kapitel 2, Abschnitt 2.3.7). Wenn in allen Spuren ausreichend RNA ist, kann es möglich sein, die gefärbten rRNA-Banden nach dem Blotten auf der Membran sogar bei normalem Licht zu sehen. Jedoch kann das Ethidiumbromid die Effizienz der Hybridisierung an die geblottete RNA herabsetzen. Daher ist es besser, eine Markerprobe in einer am Rande gelegenen Spur aufzutragen, diese nach der Elektrophorese abzuschneiden, mit Ethidiumbromid zu färben und sich unter dem UV-Licht anzusehen.

Setzt man nur kleine RNA-Mengen ein oder will man eine seltene RNA nachweisen, ist es besser, kein Ethidiumbromid in das Gel zu geben.

Um zu vermeiden, einen Teil einer Spur abzuschneiden, in der sich eine wichtige Probe befindet, läßt man mindestens eine Spur zwischen dem Marker und den Proben frei.

Die Markerspur wird für 5–10 Minuten in 20 × SSC mit 0,5 μg/ml Ethidiumbromid gefärbt. 20 × SSC enthält 3 M Natriumchlorid und 300 mM Natriumcitrat.

Glyoxalgele erhalten während der Elektrophorese kein Ethidiumbromid, weil es mit Glyoxal reagiert und dadurch seine Denaturierungseigenschaften stört. Die RNA wird nach der Elektrophorese gefärbt, indem man das gesamte Gel oder eine abgeschnittene Spur des Geles für 5–10 Minuten in 10 mM Natriumphosphat (pH 7,0) mit 0,5 μg/ml Ethidiumbromid einlegt. Die rRNA-Banden kann man ganz normal unter dem UV-Licht betrachten.

Wenn man ein Anfärben des ganzen Geles vermeiden möchte, kann man nach dem Transfer auf die Membran und sogar auch nach der Hybridisierung die RNA mit Methylenblau anfärben.

Der Einsatz von 28S- und 18S-RNAs als Längenmarker hat den großen Nachteil, daß man nur zwei Meßpunkte für die Erstellung einer Standardkurve erhält. Daher bekommt man nur eine sehr grobe Schätzung über die Länge der RNA-Spezies, an denen man interessiert ist. Sollte diese RNA-Spezies länger als die 28S-rRNA oder kürzer als die 18S-rRNA sein, ist es um die Genauigkeit der Schätzung sehr schlecht bestellt.

Andere RNA-Längenmarker

Eine bessere, allerdings teurere Alternative zu den 28S- und 18S-rRNAs sind kommerziell erhältliche Mischungen von RNAs bekannter Länge. Zum Beispiel vertreibt Gibco-BRL eine „0,16–1,77-kb-RNA-Leiter" und eine „0,24–9,5-kb-RNA-Leiter". Wahlweise könnte man eine eigene Mischung herstellen. Dazu verwendet man die T3- oder T7-RNA-Polymerase, um von verschiedenen DNA-Fragmenten, die man in einen geeigneten Vektor kloniert hat – etwa dem Bluescript II –, *in vitro*-transkribierte RNAs herzustellen (Alting-Mees *et al.* 1992).

4.5 Blotten des Geles

Formaldehyd- und Glyoxalgele blottet man genauso wie nicht-denaturierende Gele (Kapitel 3). Der einzige Unterschied besteht darin, daß man zum Blotten unter alkalischen Bedingungen für den Transfer von RNA 7,5 mM Natriumhydroxid verwenden sollte. Jedoch empfehlen wir *nicht*, das Northern-Blotting unter alkalischen Bedingungen durchzuführen. Zusätzlich zu den in Kapitel 3, Abschnitt 3.3 im Zusammenhang mit dem Southern-Blotting erwähnten Problemen riskiert man, die RNA zu hydrolysieren.

Verwendet man höhere Konzentrationen an Natriumhydroxid, kommt es zu einer umfassenden Hydrolyse der RNA.

RNA kann auf Nitrocellulosefilter oder Nylonmembranen transferiert werden. Alle Vorteile von Nylonmembranen, die wir in Kapitel 7 beschreiben, gelten auch hier. Nach dem Blotten sollte man die Membranen mit der RNA wie DNA-Membranen spülen (Kapitel 3, Abschnitt 3.1.3). Auch die Fixierung von RNA an Membranen führt man wie die von DNA durch. Falls man ein Formaldehydgel verwendet hat, sollte man jedoch die Membran zusätzlich 2 Stunden bei

80 °C backen, um restliches Formaldehyd von der RNA zu entfernen. Wurde ein Glyoxalgel verwendet und das Glyoxal vor dem Blotten nicht entfernt, sollte man das jetzt tun (Abschnitt 4.4.3 *Elektrophorese von Glyoxalgelen*).

Unterläßt man die Umkehrung der Formaldehyd- und Glyoxalreaktionen, beeinträchtigt dies die Effizienz der Hybridisierung erheblich.

4.6 Weitere Literatur

Perbal, B. (1988). *A practical guide to molecular cloning* (2. Auflage), S. 526–542, Wiley, New York.

Sambrook, J., Fritsch, E. F., Maniatis, T. (1989). *Molecular Cloning: a laboratory manual* (2. Auflage), Bd. 1, S. 7.37–7.52. Cold Spring Harbor Laboratory Press.

Wahl, G. M., Meinkoth, J. L., Kimmel, A. R. (1987). Northern and Southern blots. *Methods in Enzymology*, 152, S. 572–581.

4.7 Referenzen

Alting-Mees, M. A., Sorge, J. A., Short, J. M. (1992). pBluescript II: multifunctional cloning and mapping vectors. *Methods in Enzymology*, 216, 483–495.

Alwine, J. C., Kemp, D. J., Stark, G. R. (1977). Method for detection of specific RNAs in agarose gels by transfer to diazobenzyloxymethyl-paper and hybridization with DNA probes. *Proceedings of the National Academy of Sciences, USA*, 74, 5350–5354.

Aviv, H., Leder, P. (1972). Purification of biologically active globin messenger RNA by chromatography on oligothymidylic acid-cellulose. *Proceedings of the National Academy of Sciences, USA*, 69, 1408–1412.

Bailey, J. M., Davidson, N. (1976). Methylmercury as a reversible denaturing agent for agarose gel electrophoresis. *Analytical Biochemistry*, 70, 75–85.

Brickell, P. M., Patel, M. (1988). Structure and expression of c-*fgr* protooncogene mRNA in Epstein-Barr virus converted cell lines. *British Journal of Cancer*, 58, 704–709.

Darnell, J., Lodish, H., Baltimore, D. (1990). *Molecular cell biology* (2. Auflage), S. 271, Scientific American Books, New York.

Lehrach, H., Diamond, D., Wozney, J. M., Boedtker, H. (1977). RNA molecular weight determination by gel electrophoresis under denaturing conditions: a critical re-examination. *Biochemistry*, 16, 4743–4751.

Marzluff, W. F., Huang, R. C. C. (1985). *Transcription and translation: A practical approach* (B. D. Hames und S. J. Higgins, Hrsg.), S. 89–129. IRL Press at Oxford University Press, Oxford.

Thomas, P. S. (1980). Hybridization of denatured RNA and small DNA fragments transferred to nitrocellulose. *Proceedings of the National Academy of Sciences, USA*, 77, 5201–5205.

Wilkinson, M. (1991). Purification of mRNA. *Essential molecular biology: A practical approach* (T. A. Brown, Hrsg.), S. 69–87. Bd. 1, IRL Press at Oxford University Press, Oxford.

5.
Dot- und Slot-Blotting

5.1 Was versteht man unter Dot-Blots und Slot-Blots?

Manchmal hat man den Wunsch, DNA- oder RNA-Proben an eine Membran zu binden, ohne zuerst deren Komponenten in einer Elektrophorese aufzutrennen. Man macht dies zum Beispiel, indem man DNA oder RNA in Form eines kleinen Punktes auf eine Membran pipettiert (Kafatos *et al.* 1979). Diese Vorgehensweise ist nicht optimal, da die Proben dazu neigen, sich – abhängig von der Auftragsgeschwindigkeit – über verschieden große Bereiche auszubreiten. Das Ausmaß der Ausbreitung kann man dadurch verringern, daß man jede Probe in einer Serie von 2 μl-Portionen aufträgt. Dabei läßt man jedes einzelne Probentröpfchen zuerst trocknen, bevor man das nächste aufträgt. Dennoch ist es immer noch schwierig, dichte Punkte von reproduzierbarer Form und Größe zu erhalten.

Um diesen Prozeß reproduzierbarer zu machen, hat man die Dot-Blot-Saugapparatur (*Dot-Blot-Manifold*) entworfen. Ein typisches Modell, das man in den Abbildungen 5.1 und 5.2 a sieht, besteht aus Plexiglasblöcken, die durch Schrauben und Muttern zusammengehalten werden. Der obere Block hat eine regelmäßige Anordnung von runden Löchern, in die man die Proben hineingeben kann. Der mittlere Block hat eine direkt dazu passende Anordnung von Löchern. Der untere Block besitzt einen Hohlraum mit einem Auslaß, den man an eine Vakuumpumpe anschließen kann. Die Blöcke kann man zusammen mit einer Nylonmembran oder einem Nitrocellulosefilter zwischen dem oberen und dem mittleren Block festklammern. Die gelösten DNA- oder RNA-Proben gibt man in die Löcher auf der Oberseite und legt unten am Auslaß ein Vakuum an. Das Vakuum saugt die Lösung nach unten ab und läßt dabei die DNA oder RNA auf der Membran gebunden zurück. Der Vorteil dieses Systems besteht in einer Begrenzung der Proben auf streng definierte Bereiche der Membran. Dies erleichtert den Vergleich zwischen den Intensitäten der Hybridisierungssignale, die verschiedenen Proben entsprechen. Ein Beispiel für ein Ergebnis eines Dot-Blots zeigt Abbildung 5.3 a.

Andere Modelle bestehen nur aus zwei Blöcken (Abbildung 5.4 b), arbeiten aber nach dem gleichen Prinzip.

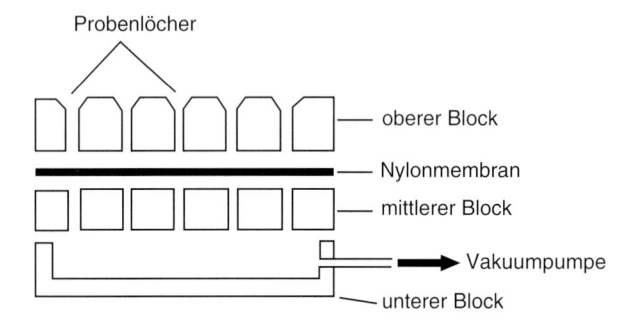

5.1 Querschnitt durch eine typische Dot/Slot-Blot-Saugapparatur.
Die Blöcke werden durch Schrauben und Muttern zusammengehalten (nicht gezeigt).

Die zweite Generation von Blotting-Saugapparaturen war die Slot-Blot-Saugapparatur. Sie ist im wesentlichen mit der Dot-Blot-Saugapparatur identisch. Der einzige Unterschied besteht darin, daß die Probenlöcher die Form von schmalen Schlitzen haben und nicht rund sind (Abbildungen 5.2 b und 5.3 b). Für diese Modifikation gibt es zwei Gründe:

- Längliche Hybridisierungssignale kann man leichter mit einem Densitometer scannen. Es ist insbesondere einfacher, von einem einzelnen Schlitz mehrere unabhängige Scan-Vorgänge durchzuführen, als von einem einzelnen Punkt.
- Durch schlitzförmige Löcher kann man einige Hybridisierungsartefakte einfacher nachweisen. Beispielsweise kann eine Kontamination mit einem Protein oder ungenügendes Waschen der Membran nach der Hybridisierung dazu führen, daß ein unspezifisches punktförmiges Hybridisierungssignal an einer beliebigen Stelle auf

der Autoradiographie erscheint (Abbildung 5.4 a). Bei Dot-Blot-Saugapparaturen kann man das vielleicht mit einem richtigen Signal verwechseln. Dagegen ist es unwahrscheinlich, daß sich ein unechtes Signal über die gesamte Länge eines Schlitzes einer Slot-Blot-Saugapparatur ausbreitet.

Wenn man solche Punkte auf den Autoradiographien von Southern- oder Northern-Blots sieht, sind dies ganz offensichtlich Artefakte.

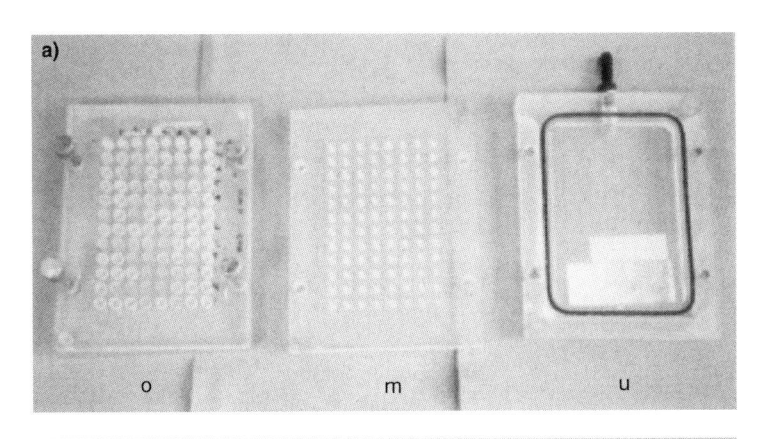

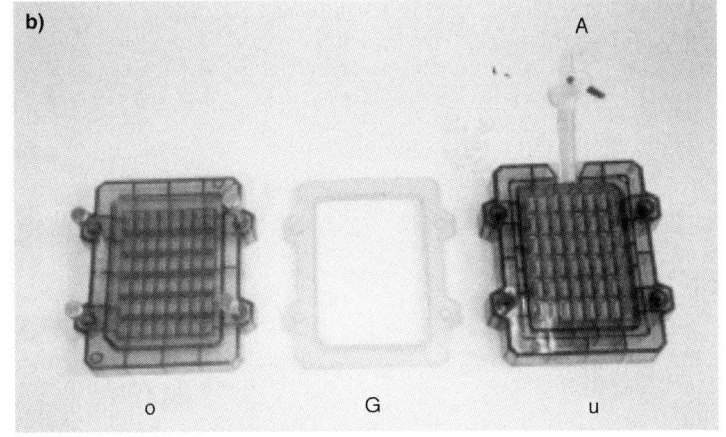

5.2 Zwei Arten von Dot/Slot-Blot-Saugapparaturen.
a) Eine Dot-Blot-Saugapparatur aus drei Plexiglasblöcken (o, oben; m, Mitte; u, unten), wie im Text beschrieben. b) Eine Slot-Blot-Saugapparatur, bestehend aus zwei Plastikblöcken (o, oben; u, unten) und einer Gummidichtung (G), die zwischen beide Blöcke gelegt wird. In beiden Fällen hat der untere Block einen Auslaß (A) zur Vakuumpumpe.

5.1.1 Warum sollte man einen DNA-Dot/Slot-Blot durchführen?

Angenommen, man hat eine Reihe von DNA-Klonen, die sich von einer entsprechenden Anzahl von Genen ableiten. Man möchte wissen, welche dieser Gene in einem bestimmten Zelltyp exprimiert werden. Eine Möglichkeit, diese Frage zu beantworten, wäre die Durchführung einer Reihe von Northern-Blots, die alle mit einem anderen Mitglied dieser cDNA-Reihe ausgetestet würden.

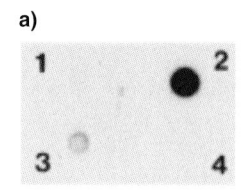

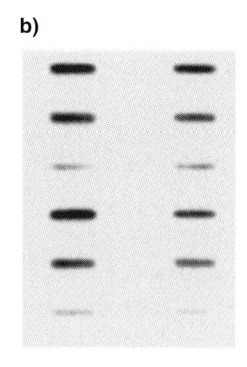

5.3 a) Autoradiographie eines Dot-Blots. Die Sonde hybridisierte stark mit der Probe 2, schwach mit Probe 3 und sehr schwach mit Probe 1. Probe 4 zeigt keine nachweisbare Hybridisierung. Das Signal von Probe 2 liegt beispielsweise außerhalb des linearen Bereiches des Filmes. Das Signal 3 dagegen liegt innerhalb des linearen Bereichs, ist aber ungleichmäßig, wobei es am Rand um den Dot herum am stärksten ist. Eine Quantifizierung mittels Scanning-Densitometrie würde sehr schwierig. b) Autoradiographie eines Slot-Blots. Diese Signale könnte man wesentlich leichter quantifizieren als die in a.

Ein schnelleres Verfahren ist jedoch, die klonierten cDNAs in einer bestimmten Anordnung an eine einzige Membran zu binden und diese Membran mit einer radioaktiv markierten mRNA zu hybridisieren, die man aus dem gerade zu untersuchenden Zelltyp gereinigt hat. Jene cDNAs, die ein Hybridisierungssignal geben, repräsentieren Gene, die in dem Zelltyp exprimiert werden, aus dem man die mRNA isoliert hat.

Anstatt eine mRNA radioaktiv zu markieren, könnte man auch eine radioaktiv markierte cDNA synthetisieren, indem man die mRNA als Matrize verwendet.

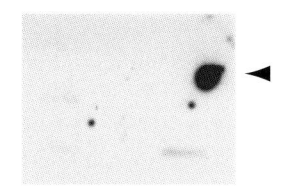

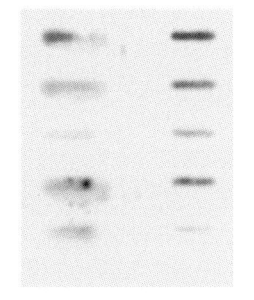

5.4 Einige Dinge, die bei Dot/Slot-Blots schiefgehen können.
a) Autoradiographie eines Slot-Blots mit einem offensichtlich unechten Signal (Pfeil). Das könnte man fälschlicherweise für ein echtes Signal halten, wenn es auf einem Dot-Blot an einer Stelle, an der man einen Dot erwartet, erscheinen würde. b) In der linken Spalte waren die Slots undicht, die Proben konnten sich verteilen.

Um die Mengen bestimmter mRNAs in zwei Zelltypen vergleichen zu können, kann man auch die Dot/Slot-Blot-Methode heranziehen. In diesem Fall müßte man zwei Membranen herstellen, auf denen sich eine identische Serie von klonierten cDNAs befinden, und würde diese anschließend mit radioaktiv markierter mRNA von jedem Zelltyp hybridisieren. In einem solchen Experiment würden Unterschiede in der Hybridisierungsintensität der beiden Sonden an einen bestimmten cDNA-Klon Unterschiede in der Häufigkeit der entsprechenden mRNA in den Zelltypen, aus denen die zwei Sonden stammen, widerspiegeln.

Genau wie das Northern-Blotting, erlaubt diese Art von Experiment, mRNA-Mengen in zwei Zelltypen zu vergleichen, erlaubt aber *keine* Schlußfolgerung über die Transkriptionsrate (Kapitel 4, Abschnitt 4.2). Jedoch kann man die Membranduplikate auch in einem nucleären *run-on*-Experiment einsetzen (Marzluff und Huang 1985; Lillycrop *et al.* 1992), das es ermöglicht, die Transkriptionsraten zu vergleichen. In diesem Fall stellt man die Sonden nicht durch radioaktive Markierung von isolierter mRNA her, sondern isoliert die Zellkerne und läßt diese in Gegenwart von radioaktiv markiertem Uridin-5´-Triphosphat (UTP) ihre Gene transkribieren. In solchen

Sonden spiegelt die Häufigkeit einer bestimmten RNA-Spezies die Syntheserate aufgrund der Transkription wider. Die Stabilität der entsprechenden mRNA zeigt dabei keinen Einfluß. Daher weisen in diesem Fall Unterschiede in der Hybridisierungsintensität von beiden Sonden an einen bestimmten cDNA-Klon auf Unterschiede in der Transkriptionsrate des entsprechenden Gens in den beiden Zelltypen hin.

> Die mRNA-Menge wird durch ein Gleichgewicht der Geschwindigkeiten von Synthese und Abbau bestimmt.

5.1.2 Warum sollte man einen RNA-Dot/Slot-Blot durchführen?

RNA-Dot/Slot-Blots stellen eine schnelle Methode zur Untersuchung einer großen Zahl von RNA-Proben auf das Vorkommen einer bestimmten RNA-Spezies dar. Zum Beispiel kann man eine große Zahl von RNA-Proben auf eine Membran blotten und dann mit einer radioaktiv markierten Sonde für die gesuchte RNA hybridisieren. Die Stärke der Hybridisierung an eine RNA-Probe ist damit ein Maß für die Häufigkeit der mRNA in jedem Zelltyp. Diese Methode ist wesentlich schneller als das Northern-Blotting, da eine Elektrophorese entfällt. Weiterhin ermöglicht sie es, mit mehr Proben zu arbeiten, als man auf einem Northern-Blot unterbringen könnte. Man müßte sehr viele Gele laufen lassen und blotten, um genauso viele Proben wie in einem Dot/Slot-Blot verarbeiten zu können.

5.2 Wie man einen Dot/Slot-Blot durchführt

Für das Dot/Slot-Blotting stehen viele verschiedene Protokolle zur Verfügung. Die Hersteller der Saugapparaturen und Nylonmembranen verteilen auch Anweisungen, wie man am besten mit ihren Produkten umzugehen hat. Diese Anweisungen sollte man auch gewissenhaft beachten. Sechs Schritte sollte man berücksichtigen:

1. Herstellung der Probe.
2. Vorbehandlung der Membran.
3. Zusammenbau der Saugapparatur.
4. Auftragen der Probe.
5. Blotten.
6. Verarbeitung der Membran.

5.2.1 Herstellung der Probe

Wieviel DNA oder RNA soll man auftragen?

Die Bindungskapazität einer Nylonmembran liegt für Nucleinsäuren in der Größenordnung von 500 µg/cm^2, während die eines Nitrocellulosefilters bei 100 µg/cm^2 liegt. Nimmt man eine durchschnittliche Fläche eines Punktes (*Dot*) oder eines Schlitzes (*Slot*) von 0,1 cm^2 an, ist die Höchstmenge an DNA oder RNA, die man in ein Loch füllen kann, für eine Nylonmembran 50 µg und für ein Nitrocellulosefilter 10 µg. Wie wir später noch sehen werden, benötigt man für gewisse Zwecke mehr als 10 µg Nucleinsäuren pro Dot/Slot. Das ist ein zusätzlicher Grund dafür, besser eine Nylonmembran, als ein Nitrocellulosefilter für das Dot/Slot-Blotting zu verwenden (andere Gründe nennen wir in Kapitel 7, Abschnitt 7.1). Für viele Anwendungen reicht es jedoch, geringe Mengen aufzutragen. Wieviel man schließlich einsetzt, hängt ganz vom Ziel des Experiments ab. Zum Beispiel:

- Verwendet man radioaktiv markierte mRNA (oder radioaktiv markierte nucleäre *run-on*-Transkripte), um Dots/Slots von cDNA-Klonen zu testen, muß die DNA in einem Dot/Slot gegenüber der entsprechenden RNA in der Sonde in einem molaren Überschuß vorliegen. Dadurch kann die gesamte Menge an Sonde hybridisieren. Das ist besonders wichtig, wenn man Unterschiede im Umfang der Hybridisierung an verschiedene Dots/Slots messen und die Daten dazu verwenden will, Unterschiede in der Häufigkeit der entsprechenden mRNAs anzugeben. Außerdem läuft die Hybridisierungsreaktion umso schneller ab, je größer die Nucleinsäuremenge auf der Membran ist. Daher lädt man recht viel DNA – üblicherweise 10–40 µg – in ein Loch. Obwohl es nur darauf ankommt, daß die DNA in jedem Loch in molarem Überschuß vorliegt, sollte man in jedes Loch doch die gleiche Anzahl von Molekülen auftragen. Dazu muß man Unterschiede in der Länge der Inserts in den verschiedenen cDNA-Klonen berücksichtigen.

Unter „molarem Überschuß" versteht man, daß die Zahl von DNA-Molekülen im Dot/Slot die Zahl der entsprechenden mRNA-Moleküle in der Sonde übersteigen muß.

Trägt man 40 µg eines cDNA-Klones, bestehend aus 3 kb Vektor und 1 kb Insert, auf, sind nur 10 µg Insert-DNA in einem Dot/Slot.

Hat man einen Klon A (3 kb Vektor und 1 kb Insert) und einen Klon B (3 kb Vektor und 2 kb Insert), kann man von beiden Klonen gleiche Molekülmengen auftragen, wenn man 1,25 µg Klon A und 1 µg Klon B einsetzt.

- Verwendet man einen radioaktiv markierten cDNA-Klon zur Hybridisierung von Dots/Slots mit Gesamt-RNA und wünscht eine quantitative Auswertung, muß in jedem Loch die gleiche RNA-Menge vorliegen. Wie wir in Kapitel 4, Abschnitt 4.3.1 und im Kontext mit dem Northern-Blotting bereits beschrieben haben, muß man sich das sorgfältig überlegen. Bei dieser Art von Experiment muß die radioaktiv markierte cDNA-Sonde im Überschuß vorliegen, damit eine ausreichende Menge an Sonde vorhanden ist, die die gesamte, auf dem Filter vorliegende entsprechende RNA-Spezies binden kann. Daher kann man gerade so viel RNA wie nötig in die Löcher laden, um noch ein nachweisbares Hybridisierungssignal zu erhalten. Aus Gründen, die wir in Kapitel 4 Abschnitt *Scanning-Densitometrie* beschrieben haben, kann es manchmal notwendig sein, eine Verdünnungsreihe von allen Proben aufzutragen.

Man könnte gezwungen sein, die geeignete Menge an RNA durch Versuch und Irrtum, also empirisch zu ermitteln.

DNA-Proben

Damit die DNA mit einer Sonde hybridisieren kann, muß man sie denaturieren. Bei einem Southern-Blotting-Experiment macht man dies nach der Elektrophorese des Agarose-Geles durch eine Alkali-Behandlung. Beim Dot/Slot-Blotting denaturiert man die DNA gewöhnlich vor dem Auftragen auf die Membran. Es gibt zwei Möglichkeiten dafür:

- Denaturieren in Alkali: Zur Probe werden 1/10 Volumen 2 M NaOH hinzugefügt. Anschließend läßt man sie für 5–15 Minuten bei Raumtemperatur stehen, neutralisiert sie durch Zugabe von 1,5 Volumina 1,5 mM Ammoniumacetat (pH 4,5) und stellt sie auf Eis.
- Denaturieren durch Hitze: Zur Probe werden 1/10 Volumen 20 × SSC hinzugefügt. Anschließend erhitzt man sie für 5–15 Minuten auf 95–100 °C und stellt sie auf Eis.

Beides funktioniert gut. Superhelicale Plasmid-DNA bereitet aber gewisse Probleme. Erstens braucht sie eine spezielle Behandlung, damit sie vollständig denaturiert. Zum Beispiel kann man die Proben für 10 Minuten kochen und anschließend 20 Minuten in 0,5 M NaOH inkubieren, bevor man sie neutralisiert. Außerdem renaturiert denaturierte superhelicale Plasmid-DNA sehr schnell, sobald die Lösung abgekühlt und neutralisiert ist, da die getrennten Stränge physikalisch miteinander verbunden bleiben. Daher sollte man die Probe sehr bald nach dem Abkühlen und Neutralisieren auf die Membran auftragen. Wahrscheinlich ist es am besten, die Plasmid-DNA vor der Denaturierung zu linearisieren, indem man sie mit einem Restriktionsenzym schneidet. Dann stellt das Supercoiling kein Problem mehr dar.

Es sollte sich an die Vorschriften des Herstellers der verwendeten Membran gehalten werden.

Man kann bis zu 5 M NaOH (Endkonzentration 0,5 M) verwenden, aber man sollte dann für die Neutralisierung der Probe die Ammoniumacetatkonzentration erhöhen.

Indem man die Probe in Eis stellt, verlangsamt sich die Renaturierungsrate zwischen der Denaturierung der Probe und dem Auftragen auf die Membran.

Wenn man superhelicale Plasmid-DNA denaturiert, bleiben die getrennten Stränge physikalisch miteinander verbunden.

Verwendet man einzelsträngige DNA, wie etwa M13-Phagen-DNA, braucht man vermeintlich nicht mehr zu denaturieren, um die Stränge voneinander zu trennen. Dennoch kann die DNA Regionen mit komplementären Basensequenzen besitzen, die über intramolekulare Basenpaarungen eine Sekundärstruktur ausbilden können. Um diese zu beseitigen, sollte man einzelsträngige DNA-Proben genauso wie doppelsträngige DNA mit Hitze oder Alkali behandeln.

RNA-Proben

Wie wir schon früher (Kapitel 4, Abschnitt 4.1) beschrieben haben, kann RNA durch intramolekulare Basenpaarung ebenfalls Sekundärstrukturen ausbilden und aufgrund intermolekularer Basenpaarungen aggregieren. Beim Northern-Blotting wird die RNA vor und während der Elektrophorese denaturiert, um zu gewährleisten, daß der im Gel zurückgelegte Weg proportional zu ihrer Länge ist, und um eine effiziente Hybridisierung mit der Sonde zu unterstützen. Aus dem letztgenannten Grund muß man die RNA auch vor dem Dot/Slot-Blotting denaturieren. Es gibt dafür zwei Methoden:

- Man inkubiert die RNA für 15 Minuten in 50 Prozent (v/v) deionisiertem Formamid, sechs Prozent (v/v) Formaldehyd, 1 × SSC bei 65 °C und stellt die Probe anschließend auf Eis.
- Man inkubiert die RNA für 15 Minuten in 50 Prozent (v/v) DMSO, 1 mM deionisiertem Glyoxal, 12,5 mM Natriumphosphat, 1 × SSC bei 50 °C und stellt die Probe auf Eis.

Zwischen diesen beiden Methoden gibt es in bezug auf ihre Effizienz und die Einfachheit der Anwendung wenig zu wählen.

Die Theorie, die dahinter steckt, haben wir in Kapitel 4, Abschnitte 4.4.2 und 4.4.3 beschrieben.
DMSO greift Nitrocellulosefilter an. Wenn man diese verwenden muß, sollte man das DMSO vermeiden und dafür die Inkubationszeit auf eine Stunde ausdehnen.

5.2.2 Vorbehandlung der Membran

Aufgrund der in Kapitel 7, Abschnitt 7.1 beschriebenen Punkte empfehlen wir, beim Dot/Slot-Blotting besser eine Nylonmembran anstelle eines Nitrocellulosefilters zu verwenden.

Das Verfahren ist für ein Nitrocellulosefilter im wesentlichen das gleiche.

Die Membran wird so geschnitten, daß sie in die verwendete Saugapparatur paßt. Nylonmembranen *müssen* vor dem Dot/Slot-Blotting angefeuchtet werden, andernfalls ziehen die Kapillarkräfte während des Blottens die Flüssigkeit seitlich durch die Membran und sorgen dafür, daß sich die Proben ausbreiten. Man feuchtet die Membran an, indem man die Membran in deionisiertem Wasser schwimmen läßt. (Kapitel 7, Abschnitt 7.1.4).

Zum Schneiden sollte eine scharfe Skalpellklinge verwendet und Handschuhe getragen werden. Die Membran sollte man während des Schneidens zwischen den Schutzblättern lassen.

Einige Protokolle schlagen vor, die feuchte Nylonmembran in SSC zu legen. Das ist nicht notwendig. Wenn man jedoch Nitrocellulosefilter verwendet, *muß* man sie nach dem Anfeuchten in 20 × SSC einweichen, da DNA und RNA nur in Lösungen mit hoher Ionenstärke an Nitrocellulose binden.

5.2.3 Zusammenbau der Saugapparatur

Hat man bis jetzt noch keine Dot/Slot-Blot-Saugapparatur gekauft, sollte man sich etwas Zeit nehmen, um eine zu finden, die leicht zusammenzubauen und zu verwenden ist. Für ein besonders schlecht entworfenes Modell braucht man die Kraft von zehn und die Greifeigenschaften eines Kraken, um es richtig zusammenzusetzen. Aber die meisten Saugapparaturen sind für eine allein arbeitende Durchschnittsperson geeignet. Alle Saugapparaturen werden mit Gebrauchsanweisungen geliefert, die aber sehr oft verloren gehen. Eine typische Saugapparatur setzt man wie folgt zusammen:

1. Man legt den oberen Block mit der Oberseite nach unten auf die Arbeitsfläche.
2. Auf den Block legt man die feuchte Membran und streicht eventuelle Luftblasen weg.
3. Man legt einen Bogen Whatman-3MM-Filterpapier (auf die Größe der Membran zurechtgeschnitten und in der gleichen Flüs-

sigkeit wie die Membran angefeuchtet) auf die Membran und streicht eventuelle Luftblasen weg.
4. Man legt das Filterkissen – wenn eines mit der Saugapparatur mitgeliefert wurde – auf das Filterpapier.
5. Auf das Filterkissen legt man den mittleren Block.
6. Man legt den unteren Block auf den mittleren Block.
7. Man legt die Schrauben und Muttern an, klemmt die ganze Apparatur zusammen und dreht sie auf die richtige Seite. Um mögliche undichte Stellen zu vermeiden, sollte man die Muttern gleichmäßig anziehen. Das macht man am besten, indem man jede Mutter nacheinander nur ein wenig anzieht, bis alle fest sitzen und sich nicht mehr drehen lassen.
8. Man schließt die Saugapparatur anschließend an die Vakuumpumpe an. Es kann eine elektrische Pumpe oder eine Wasserstrahlpumpe verwendet werden.
9. Alle Löcher werden mit deionisiertem Wasser gefüllt (oder in was man auch immer die Membran vorgefeuchtet hat). Anschließend legt man einen leichten Unterdruck an die Saugapparatur an, bis die Flüssigkeit aus allen Löchern verschwunden ist, und hebt ihn anschließend wieder auf.

Empfiehlt der Hersteller, eine bestimmte Seite der Membran für die Bindung der DNA und RNA zu verwenden, sollte diese Seite auf dem Block liegen.

```
 1   5   3
 •   •   •

 •   •   •
 4   6   2
```

Die Muttern sollten, wie in der oben gezeigten Abbildung, in der Reihenfolge 1–2–3–4–5–6 angezogen werden.

Auf folgende Probleme sollte man achten:

- Man sollte prüfen, ob die ganze Flüssigkeit in allen Löchern verschwunden ist. Oft findet man Löcher, bei denen das Wasser nicht gut abfließen kann. Am besten identifiziert man sie, um das Problem entweder beheben zu können oder das Loch nicht zu verwenden.

Das ist besonders wichtig, wenn man die Saugapparatur vorher noch nie oder eine Zeit lang nicht mehr verwendet hat, da Schäden an der Saugapparatur ein Auslaufen der Proben verursachen können.

- Breiten sich die Proben in einem Loch um die Dots/Slots herum aus, erhält man nach der Hybridisierung Signale, wie sie in Abbildung 5.4 b gezeigt sind. Um die mögliche Ausbreitung zu überprüfen, füllt man Elektrophorese-Ladepuffer (Kapitel 2, Abschnitt 2.2) in die Löcher und saugt ihn durch, so daß der Farbstoff des Puffers die Membran färbt. Ein Blick auf die Membran zeigt, ob die Färbung die richtige Dot- oder Slot-Form hat oder ob sie sich ausgebreitet hat. Unserer Erfahrung nach stört der Farbstoff weder die Bindung von DNA oder RNA an die Membran noch die Hybridisierung. Da die Membran den Farbstoff durch die Entfernung aus der Lösung konzentriert, sollte man eine 1/100-Verdünnung der konzentrierten Stammlösung des Probenauftragspuffers (Kapitel 2, Abschnitt 2.2) einsetzen. Wenn sich die Proben um irgendein Loch ausbreiten, sollte man kontrollieren, ob die Saugapparatur richtig zusammengebaut ist. Kann man diesen Fehler nicht beheben, sollte man das Loch, das Probleme macht, nicht verwenden.

Bei den meisten Saugapparaturen kann man die Membran färben und sie, ohne aus der Apparatur herauszunehmen, begutachten und anschließend den Dot/Slot-Blot auf derselben Membran durchführen.

5.2.4 Auftragen der Probe

Die Proben werden in die Löcher geladen. Dabei sollte man immer protokollieren, wie man aufgetragen hat.

5.2.5 Blotten

Die Meinungen über die Durchführung des Dot/Slot-Blottings gehen auseinander. Die Möglichkeiten sind:

- Man legt ein leichtes Vakuum an, sobald man alle Löcher gefüllt hat oder
- man beläßt die Probe für 10 Minuten bis 2 Stunden in den Löchern und legt anschließend ein Vakuum an.

Beide Methoden scheinen gut zu funktionieren. Die erste ist offensichtlich schneller. In beiden Fällen sollte man das Vakuum so lange angelegt lassen, bis die gesamte Flüssigkeit aus allen Löchern abgesaugt worden ist. Das dauert möglicherweise nur 30 Sekunden. Einige lassen die Probe sehr schnell durchlaufen, indem sie 1 ml deionisiertes Wasser (oder was immer zum Anfeuchten der Membran verwendet wurde) in jedes Loch hinzufügen und durchsaugen. Manche machen dies zweimal, obwohl es wahrscheinlich nicht notwendig ist.

Am Ende lockert man die Muttern, die die Saugapparatur zusammen halten, zerlegt die Apparatur in ihre Einzelteile und entfernt vorsichtig die Membran. Einige spülen die Membran jetzt mit 2 × SSC.

5.2.6 Verarbeitung der Membran

Die Verarbeitung der Membran hängt von der Art der Proben ab.

- DNA-Proben: Die DNA wird an die Membran fixiert, wie wir es in Kapitel 3, Abschnitt 3.1.5 beschrieben haben.
- In Formaldehyd denaturierte RNA-Proben: Die Membran wird für 2 Stunden bei 80 °C gebacken, um die Formaldehyd-Reaktion rückgängig zu machen. Dadurch fixiert man auch die RNA kovalent an die Membran. Wenn der Hersteller die Quervernetzung mittels UV-Strahlung empfiehlt, sollte man dies, wie in Kapitel 3, Abschnitt 3.1.5 beschrieben, vornehmen.
- In Glyoxal denaturierte RNA: Die Glyoxal-Reaktion wird entweder durch Erhitzen der Membran für 5 Minuten auf 100 °C in 20 mM Tris-HCl, pH 8,0 oder durch Spülen der Membran für 15 Sekunden in NaOH und anschließendem Spülen für 30 Sekunden in 1 × SSC, 0,2 M Tris-HCl, pH 7,5 rückgängig gemacht. Schließlich fixiert man die RNA durch Trocknen an der Luft oder UV-Quervernetzung an die Membran, wie in Kapitel 3, Abschnitt 3.1.5 beschrieben.

Nitrocellulosefilter *nicht* mit Natriumhydroxid behandeln. Sie werden dadurch sehr brüchig und damit schwer handhabbar.

5.3 Quantifizierung von Dot/Slot-Blots und Interpretation der Ergebnisse

Oft will man die Sondenmengen vergleichen, die an verschiedene Proben gebunden haben. Das kann man durchführen mit Hilfe von

- Szintillationszählung von ausgeschnittenen Dots/Slots,
- Scanning-Densitometrie oder
- Darstellung mit dem Phosphorimager.

Die Vor- und Nachteile dieser Methoden haben wir in Kapitel 4, Abschnitt 4.3.2 besprochen. Wie man mit den Daten umgeht, die man mittels dieser Methoden erhalten hat, hängt vom Ziel des jeweiligen Experiments ab:

- Hat man Dots/Slots von cDNA-Klonen mit mRNA hybridisiert, die man an ihrem 5´-Ende radioaktiv markiert hat, ist der Gebrauch der Daten ganz einfach: Hat ein Dot/Slot zweimal soviel Radioaktivität gebunden wie ein anderer, sind dort zweimal so viele mRNA-Moleküle gebunden.
- Hat man Dots/Slots von cDNA-Klonen mit radioaktiv markierten nucleären *run-on*-Transkripten hybridisiert, wird die Lage etwas komplizierter. Das liegt daran, daß solche Sonden nicht nur an einem Ende, sondern über die ganze Länge markiert sind. Die Menge an Radioaktivität in einer bestimmten RNA-Spezies der Sonde ist daher proportional zu ihrer Länge. Angenommen, man vergleicht die Hybridisierung von Dots/Slots mit Klon A (mit einem 2 kb-Insert) und Klon B (mit einem 1 kb-Insert). Enthält die Sonde bezüglich der zwei Klone die gleiche Zahl an radioaktiv markierten Transkripten, bindet an beide Klone auch die gleiche Menge an *Molekülen*. Jedoch bindet an Klon A die doppelte Menge an *Radioaktivität*. Deshalb muß man seine Daten dahingehend korrigieren, daß den Unterschieden in der Länge der Ziel-cDNA-Sequenzen in jedem einzelnen Dot/Slot Rechnung getragen wird.

Die DNA im Dot/Slot muß, wie oben beschrieben, im molaren Überschuß vorliegen.

Das gleiche gilt für cDNA-Sonden, die man von gemischten mRNA-Populationen synthetisiert hat.

In der Tat beruht diese Interpretation auf einer Reihe von Annahmen über die Eigenschaften der cDNA-Klone und dem Verhalten von nucleären *run-on*-Transkripten in solchen Experimenten. Wir wollen das hier nicht in allen Einzelheiten behandeln.

- Testet man Dots/Slots mit RNA von einer radioaktiv markierten cDNA und will die Unterschiede in der Menge der an den Dot/Slot hybridisierten Sonde in Beziehung zur Häufigkeit der entsprechenden mRNA setzen, sollte man wie beim Northern-Blotting verfahren (Kapitel 4, Abschnitt 4.3.2, Abbildung 5.5).

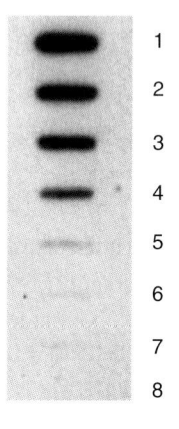

5.5 Ein Problem bei der Scanning-Densitometrie (Kapitel 4, Abschnitt 4.3.2 *Scanning-Densitometrie*) resultiert aus der Tatsache, daß die Reaktion auf einem Röntgenfilm nicht unbedingt linear ist. Eine Reihe von 10-fach-Verdünnungen einer DNA-Probe wurde mittels Slot-Blot auf eine Nylonmembran übertragen, hybridisiert und exponiert. Eine anschließende Szintillationszählung der ausgeschnittenen „Slots" zeigte, daß in jeder Probe zehnmal mehr Radioaktivität gebunden war, als in der Probe darunter. Dies spiegelt sich nur in der Intensität einiger Autoradiographiesignale wider. Zum Beispiel ist Signal 4 zehnmal so stark wie das Signal 5, jedoch ist Signal 1 nicht zehnmal stärker als Signal 2. Nur die Signale 4, 5 und 6 liegen im linearen Bereich des Filmes.

5.4 Grenzen des Dot/Slot-Blottings

Einige Schwierigkeiten bei der Anwendung dieser Methode haben wir oben besprochen. Dennoch ist die größte Einschränkung die, daß man sich nicht sicher sein kann, womit die Sonde im Dot/Slot überhaupt hybridisiert. Untersucht man zum Beispiel einen Northern-Blot mit einer radioaktiv markierten cDNA, kann man erkennen, ob die Sonde spezifisch mit der gewünschten mRNA hybridisierte oder ob eine erhebliche unspezifische Hybridisierung stattfand. Sonden hybridisieren auf Northern-Blots beispielsweise oft unspezifisch mit ribosomaler RNA (Abbildung 5.6). Wenn das gleiche bei einem Dot/Slot-Blot passiert, ist die Aussagekraft der Daten erheblich verringert. Daher ist es von entscheidender Bedeutung, daß man seine Sonde genau charakterisiert hat. Vor einer Hybridisierung mit einem Dot/Slot-Blot sollte man ihre Spezifität auf einem Northern-Blot testen. Ähnliche Überlegungen gelten auch für andere Arten von Dot/Slot-Blotting-Experimenten, die wir in diesem Kapitel angesprochen haben.

Die Ergebnisse von Dots/Slots können eine Menge Fehler verbergen.

Ob die RNA, die man geblottet hat, degradiert ist, kann man aus dem Ergebnis des Dot/Slot-Blots nicht ersehen. Nur eine Agarosegelelektrophorese eines Aliquots oder, noch besser, ein Northern-Blot gibt darüber Auskunft.

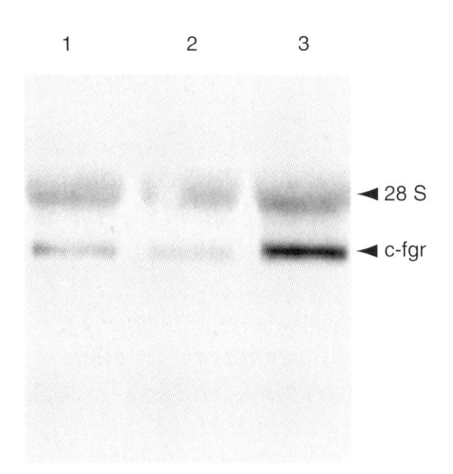

5.6 Northern-Analyse von c-*fgr*-mRNA in der Gesamt-RNA aus drei B-Zellinien.
Die Sonde hybridisierte mit der c-*fgr*-mRNA (3kb) und kreuzhybridisierte mit der 28S-rRNA. Es gibt in den drei Zellinien deutliche Unterschiede in den c-*fgr*-mRNA-Mengen, aber aufgrund der Kreuzhybridisierung mit der 28S-rRNA wäre eine Quantifizierung auf einem Dot/Slot-Blot unmöglich.

5.5 Weitere Literatur

Costanzi, C., Gillespie, D. (1987). Fast blots: immobilization of DNA and RNA from cells. *Methods in Enzymology*, 152, 582–587.

Perbal, B. (1988). *A practical guide to molecular cloning* (2. Auflage), S. 438–439, Wiley, New York.

Sambrook, J., Fritsch, E. F., Maniatis, T. (1989). *Molecular Cloning: a laboratory manual* (2. Auflage), Bd. 1, S. 7.53–7.57. Cold Spring Harbor Laboratory Press.

5.6 Referenzen

Kafatos, F. C., Jones, C. W., Efstratiadis, A. (1979). Determination of nucleic acid sequence homologies and relative concentrations by a dot blot hybridization procedure. *Nucleic Acids Research*, 7, 1541–1552.

Lillycrop, K. A., Dent, C. L., Latchman, D. S. (1992). Regulation of gene expression in neuronal cell lines. *Neuronal cell lines: A practical approach* (J. N. Wood, Hrsg.), S. 181–215, IRL Press at Oxford University Press, Oxford.

Marzluff, W. F., Huang, R. C. C. (1985). *Transcription and translation: A practical approach* (B. D. Hames und S. J. Higgins, Hrsg.), S. 89–129. IRL Press at Oxford University Press, Oxford.

6.
Plaque- und Kolonie-Screening

Manchmal möchte man Sammlungen von verschiedenen klonierten DNA-Molekülen durchsuchen (*screenen*), um ein bestimmtes Molekül, für das man sich interessiert, ausfindig zu machen. Die klonierte DNA kann in der Form von rekombinierten λ-Partikeln oder Bakterien, die rekombinierte Plasmide oder Cosmide tragen, vorliegen. Bei den Klonen kann es sich um subklonierte Fragmente eines längeren DNA-Stückes, das man gerade untersucht, oder um eine vollständige genomische- oder cDNA-Bibliothek handeln. In diesem Kapitel werden wir erörtern, wie man eine Sammlung von klonierten DNA-Fragmenten für eine anschließende Hybridisierung mit einer markierten Nucleinsäuresonde immobilisieren kann.

So wie man nach einem klonierten DNA-Fragment mittels Hybridisierung suchen kann, ist es auch möglich, nach dem Protein zu screenen, das der Klon codiert. Zu diesem Zweck kann man einen Antikörper, Liganden oder proteinbindende Oligonucleotide einsetzen, die spezifisch für das gesuchte Protein sind. Die Immobilisierung von Proteinen der Klone, die Bestandteil dieser Methode ist, werden wir in diesem Buch nicht besprechen. Für weitere Informationen sei auf Cowell und Hurst (1993), Helfman und Hughes (1987) und Mierendorf *et al.* (1987) verwiesen.

Wie man bald sehen wird, ist es technisch sehr viel leichter, Sammlungen von λ-Plaques zu durchsuchen, statt Sammlungen von Bakterienkolonien, die Plasmide enthalten. Dies ist einer der Vorteile von cDNA- und genomischen Bibliotheken, die in λ-Vektoren hergestellt wurden und nicht in Plasmid- oder Cosmid-Vektoren.

> Es gibt viele andere Überlegungen, die Einfluß auf die Entscheidung nehmen, ob man eine λ-, eine Plasmid- oder eine Cosmid-Bibliothek verwenden sollte.

6.1 Screenen von λ-Plaques mit Hilfe der Benton-Davis-Methode

Die am häufigsten angewendete Methode zum Screenen eines Sortiments von λ-Plaques haben Benton und Davis (1977) entwickelt. Bei diesem Verfahren plattiert man die Kollektion von rekombinierten Bakteriophagen auf einem *E. coli*-Bakterienrasen auf Agarose aus. Jedes λ-Partikel infiziert ein einzelnes Bakterium, repliziert in ihm und lysiert es anschließend, wobei viele identische Bakteriophagen freigesetzt werden. In halbfester Agarose ist ihre Diffusion begrenzt. Daher infizieren sie nur Bakterien in der unmittelbaren Umgebung des lysierten Bakteriums. Diese Bakterien werden wiederum lysiert, setzen Bakteriophagen frei, die ihrerseits wieder benachbarte Bakterien infizieren. Nach wiederholten Infektionsrunden sieht man im trüben Bakterienrasen Regionen mit lysierten Bakterien als klare Bereiche oder Plaques (Abbildung 6.1). Sobald die Plaques sich ausreichend ausgebildet haben, was gewöhnlich nach einer Inkubation über Nacht der Fall ist, legt man eine Nylonmembran auf die Agarose, so daß λ-Partikel von allen Plaques von der Platte auf die Membran übertragen werden. Wenn man die Membran abzieht, trägt sie ein genaues Abbild (Replika) des Plaquemusters der Platte. Danach behandelt man die Membran, um die λ-Partikel aufzubrechen, die DNA aus den Partikeln zu denaturieren und diese an die Membran zu fi-

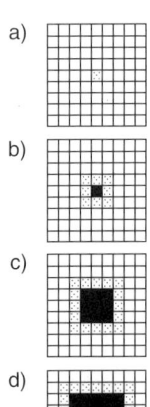

6.1 Die Entstehung von Plaques durch den Bakteriophagen λ in einem *E. coli*-Rasen (weiße Quadrate).
In a) ist eine Zelle (gerastert) durch ein λ-Partikel infiziert. In b) lysiert diese Zelle (schwarz) und setzt infektiöse λ-Partikel frei, die benachbarte Zellen infizieren. In den folgenden Zyklen von Infektion und Lyse, c) und d), nimmt die Größe des lysierten Bereichs zu und wird im Bakterienrasen als klarer Plaque sichtbar.

xieren. Auf der Membran kann man dann mittels Hybridisierung mit einer radioaktiv markierten Sonde und anschließender Autoradiographie spezifische DNA-Sequenzen nachweisen. Hybridisierende Plaques werden isoliert, indem man das Autoradiogramm und die Originalagaroseplatte zur Deckung bringt und sie anschließend für weitere Untersuchungen aussticht.

Ein einzelner Plaque enthält Millionen von identischen λ-Partikeln.

Auch nicht-radioaktiv markierte Sonden können mit großem Erfolg verwendet werden.

6.1.1 Das Plattieren

Bevor man die λ-Phagen ausplattiert, muß man folgendes vorbereiten:

1. Petrischalen mit festem Grundagar,
2. geschmolzene Topagarose,
3. Zellen zum Plattieren,
4. eine Verdünnung des λ-Stammes.

Die nun folgenden Abschnitte erläutern, wie man diese Dinge präpariert und verwendet.

Petrischalen

Es werden Petrischalen aus Plastik verwendet (Abbildung 6.2). Die Größe der Schale richtet sich nach der Anzahl der Plaques, die man screenen möchte. Falls man nur eine kleine Sammlung von λ-Klonen hat, plattiert man sie in geringer Dichte aus, so daß man die Positionen der individuellen Plaques leicht voneinander unterscheiden kann. Etwa 100 λ-Partikel können beispielsweise auf eine runde Standardpetrischale mit einem Durchmesser von 90 mm ausplattiert werden. Screent man dagegen eine große Zahl von Klonen, wie etwa eine cDNA- oder genomische Bibliothek, sollte man die Bakteriophagen-Partikel sehr dicht ausplattieren. Andernfalls muß man mit einer nicht mehr zu bewältigenden Zahl von Schalen arbeiten. Beim Screenen von sehr dichten Platten ist die Schale vollständig mit Plaques bedeckt, so daß man nicht mehr in der Lage ist, zwischen ihnen nicht lysierte Bakterien zu erkennen. Jedoch gibt es eine Grenze für die Anzahl der Plaques in einer Schale:

- Wenn man zu dicht plattiert, werden die Plaques zu klein, weil sie nur solange wachsen können, bis sie einander berühren. Die Folge sind schwache Hybridisierungssignale.
- Wenn man einen Plaque von einer dichten Platte aussticht, ist er mit benachbarten Plaques kontaminiert und man muß deshalb weitere Screening-Runden durchführen, um den gewünschten Plaque zu reinigen (Abschnitt 6.1.8). Wenn man viel zu dicht plattiert, ist der Grad an Kontaminationen durch benachbarte Plaques so groß, daß es schwierig wird, einen hybridisierenden Plaque in den folgenden Screening-Runden zu isolieren.

Da verschiedene Stämme des Bakteriophagen λ verschieden große Plaques produzieren, ist die Anzahl der Plaques, die eine Schale gerade bedecken, nicht immer gleich. Tabelle 6.1 gibt eine grobe Richtlinie bezüglich der Plaquezahlen, die man erzielen sollte.

Wenn man 200 000 Plaques screenen möchte, ist eine 20 × 20 cm-Schale leichter zu bearbeiten als 20 90 mm-Schalen.

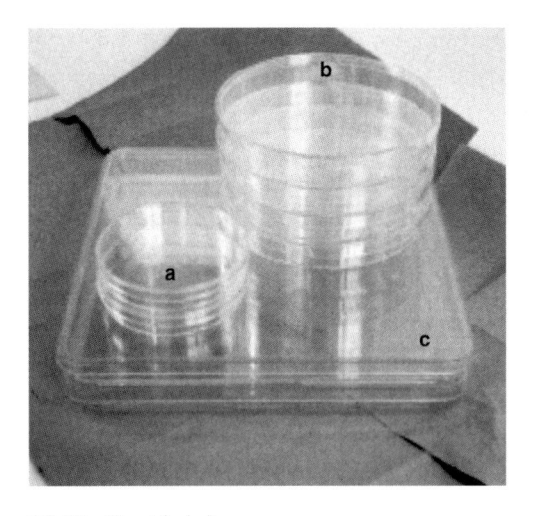

6.2 Plastikpetrischalen.
a) 90 mm, rund; b) 150 mm, rund; c) 20 × 20 cm, quadratisch.

Die Schalen müssen steril sein. Am besten verwendet man sie direkt so, wie sie vom Hersteller kommen, und wirft sie danach weg. Da die 20 × 20 cm-Schalen allerdings teuer sind, verwenden wir sie mehrmals. Die Wiederverwendung birgt ein leicht erhöhtes Kontaminationsrisiko, weshalb man Vorsichtsmaßnahmen ergreifen sollte. Die gebrauchten Schalen wäscht man vorsichtig, um alle sichtbaren Agar- und Bakterienreste zu entfernen. Anschließend spült man sie mit destilliertem Wasser, sterilisiert sie mit vergälltem Alkohol und trocknet sie in einem Abzug am besten unter UV-Licht.

Plastikschalen kann man nicht autoklavieren, da sie schmelzen.

Um spätere Verwirrung zu vermeiden, sollte man von den Schalen jegliche Beschriftung mit Alkohol entfernen.

Grundagar

Um Petrischalen mit festem Grundagar herzustellen, fügt man dem Nährmedium (ein Prozent (w/v) Trypton, 0,5 (w/v) Prozent Hefeextrakt, 0,5 Prozent (w/v) Natriumchlorid) zunächst Agar in einer Konzentration von 1,1 Prozent (w/v) hinzu. Das Nährmedium sollte 10 mM Magnesiumsulfat enthalten, da Magnesiumionen für den Zusammenbau von λ-Partikeln benötigt werden. Die meisten Protokolle empfehlen zusätzlich noch 0,2 Prozent (w/v) Maltose. Sie dient dazu, das *Escherichia coli*-Maltoseoperon zu induzieren, wodurch die Menge an *lam*B-Genprodukt erhöht wird. Dieses Genprodukt wird von den λ-Partikeln als Rezeptor verwendet, um an die *E. coli*-Zellen zu binden und in diese einzudringen. Die Mischung wird autoklaviert, um den Agar zu lösen und die Lösung zu sterilisieren. Danach läßt man sie auf etwa 60 °C abkühlen und gießt sie in die Petrischalen. Ist die Mischung noch zu heiß, wenn man sie gießt, kann sie die Schalen verformen. Kühlt man sie allerdings zu stark ab, fängt sie an zu erstarren, und die Platten werden klumpig. Man muß genügend Agar in die Schalen gießen, um eine vernünftig dicke Schicht zu bekommen, die nicht zu schnell eintrocknet. Gleichzeitig sollte man so sparsam wie möglich sein (Tabelle 6.1). Wir geben etwa

- 15 ml in eine 90 mm-Schale,
- 50 ml in eine 150 mm-Schale,
- 250 ml in eine 20 × 20 cm-Schale.

Tabelle 6.1: Ausplattieren von λ-Partikeln

Art der Petrischale	90 mm rund	150 mm rund	20 × 20 cm quadratisch
Ungefähre maximale Plaquezahl	10 000	50 000	200 000
Volumen des Grundagars (ml)	15	50	250
Volumen der Topagarose (ml)	5	10	50
Volumen der Wirtszellen (ml)	0,1	0,3	1
Maximalvolumen der λ-Suspension (ml)	0,1	0,3	1

Die gegossenen Schalen läßt man auf einer ebenen Unterlage erstarren und legt die Deckel dabei schräg auf. Am besten macht man dies in einer ruhigen Ecke des Labors, um Kontaminationen durch Mikroben aus der Luft gering zu halten. Sobald der Agar vollständig fest geworden ist, legt man die Deckel auf, packt die Schalen in Frischhaltefolie ein und lagert sie bei 4 °C. Man bewahrt die Schalen mit dem Deckel nach unten auf, so daß sich die Kondenstropfen eher am Deckel bilden, als auf dem Agar, was eine Kontamination begünstigen würde. Bevor man die Platten verwendet, wischt man vorsichtig die Kondenstropfen von den Deckeln.

Es ist ratsam, aber nicht absolut notwendig, Maltose hinzuzufügen.

Es gibt Protokolle, die die Menge an Grundagar überschätzen, die man in eine Schale gießen sollte. Es ist möglich, auch mit weniger auszukommen.

Erstarrter Agar ist etwas trüber als flüssiger Agar und sollte nicht wackeln, wenn man an die Seite der Schale klopft.

Kondenswasser kann auch Probleme verursachen, wenn man die Schalen anschließend bei 37 °C inkubiert, um die Bakteriophagen wachsen zu lassen. Kleine Wassertröpfchen können auf der Oberfläche der Topagarose kondensieren und dafür sorgen, daß die Plaques Streifen bilden und ineinanderlaufen. Deshalb ist es tatsächlich besser, *nicht* frisch gegossene Platten zum Plattieren von Bakteriophagen zu verwenden. Wenn man sie ein paar Tage lagert, kann ein Teil der Feuchtigkeit von der Agaroberfläche entweichen, wodurch man diese Probleme vermeidet. Ob man nun gelagerte oder frisch hergestellte Platten verwendet: Vor dem Gebrauch sollte man sie für mindestens zwei Stunden bei 37 °C in einen Inkubator stellen, damit sie weiter trocknen. Die Platten werden einzeln und nicht gestapelt mit dem Deckel nach unten gelegt, und zwar schräg auf den Rand des Deckels. Der Trocknungsprozeß kann beschleunigt werden, indem man die Temperatur des Inkubators auf 45 °C erhöht. Dabei muß man aber darauf achten, daß die Platten nicht zu lange trocknen, andernfalls würde der Grundagar austrocknen, bis er so dünn wäre wie eine Oblate. Muß man direkt vor dem Gebrauch frische Platten herstellen, und hat man keine Zeit, sie richtig trocknen zu lassen, kann man während der Inkubation in die Deckel ein Stück Filterpapier hineinlegen. Das verringert sowohl die Feuchtigkeit in der Schale als auch die Streifenbildung. Die Topagaroseschicht könnte sich allerdings immer noch ablösen, wenn die Membran abgezogen wird. Es ist also am besten, vorausschauend zu planen und gut getrocknete Platten zu verwenden.

Das Trocknen einer Platte beugt auch dem Ablösen der Topagaroseschicht vor, wenn die Membran von ihrer Oberfläche abgezogen wird.

Topagarose

Die λ-Partikel mischt man mit *E. coli* und verteilt sie in einer Agaroseschicht auf dem Grundagar. Wir verwenden als oberste Schicht Agarose, da sich Schichten aus Agar viel eher lösen, wenn man die Membran abzieht. Die Agarose löst man durch Autoklavieren in Nährmedium mit 10 mM Magnesiumsulfat und 0,2 Prozent (w/v) Maltose. Die Endkonzentration an Agarose sollte 0,75 Prozent (w/v) betragen. Da die Topagarose abkühlen muß, bevor man darin Bakteriophagen und *E. coli* mischt, stellt man sie einige Zeit vor dem Gebrauch her. Wenn die Topagarose beim Mischen zu heiß ist, werden die Bakteriophagen und die Bakterien zerstört. Ist sie dagegen zu kühl, ist es sehr schwierig, eine gleichmäßige Schicht Topagarose auf dem Grundagar zu verteilen, ohne daß sie fest wird und Klumpen bildet. Die meisten Protokolle empfehlen, die Topagarose auf 45 °C abkühlen zu lassen und sie bis zum Gebrauch bei dieser Temperatur aufzubewahren. Dies kann man befolgen, wenn man bereits mit dem Plattieren vertraut ist. Hat man keine Erfahrungen, ist es besser, heißere Topagarose zu verwenden – das gilt speziell für das Plattieren von 20 × 20 cm-Schalen.

Man sollte qualitativ hochwertige, für mikrobiologische Arbeiten geeignete Agarose verwenden.
Wir verwenden Topagarose bei 60 °C, ohne nachteilige Auswirkungen auf Bakteriophagen oder Bakterien zu beobachten.

Natürlich benötigt man Topagarose in genügenden Mengen für alle Platten (Tabelle 6.1). Wir setzen ein:

- 5 ml für eine 90 mm-Schale,
- 10 ml für eine 150 mm-Schale,
- 50 ml für eine 20 × 20 cm-Schale.

Man kann auch kleinere Volumina einsetzen, doch dann ist es schwieriger, eine glatte Topagaroseschicht zu erhalten, ohne daß sie vorher erstarrt.

Es zahlt sich aus, mehr Topagarose als nötig anzusetzen. Es ist ziemlich stressig, wenn man Platten aus einem Vorrat geschmolzener Agarose gießt, der sich schnell leert und deshalb anfängt, in der Flasche festzuwerden.

Plattieren von Zellen

Man sollte sich vergewissern, ob man den richtigen *E. coli*-Stamm zur Vermehrung des λ-Stammes einsetzt. Das kann man mit Hilfe von Hinweisen in der Literatur der Lieferfirma (wenn man den Stamm gekauft hat), durch den Spender (wenn er in einem anderen Labor ist) oder mit Hilfe eines geeigneten Laborhandbuches, wie dem Sambrook *et al.* (1989), bewerkstelligen.

Die meisten Protokolle raten, Vorräte von Zellen zum Plattieren anzulegen. Hierfür läßt man *E. coli* bis zur mittleren log-Phase wachsen, zentrifugiert sie ab und nimmt sie in 10 mM Magnesiumchlorid in einer Dichte von $O.D._{600} = 2$ auf. Wir machen das allerdings nicht, weil wir finden, daß frische Über-Nacht-Kulturen von *E. coli* sehr gut funktionieren, und wir sträuben uns, durch zu viele unnötige Arbeitsschritte eine Kontamination der Zellen zu riskieren. Tatsächlich funktionieren Über-Nacht-Kulturen von *E. coli*, die man über zwei Wochen bei 4°C aufbewahrt hat, ausgezeichnet. Dieses Verfahren liefert möglicherweise eine schlechtere Plaquemorphologie, was Probleme machen könnte, wenn man einige der älteren, schwächeren Stämme des Bakteriophagen λ, wie etwa aus der Charon-Reihe, screenen möchte. Wir bekommen mit aktiveren Stämmen wie λgt10 und λgt 11 (Huynh *et al.* 1984), der EMBL-Reihe (Frischauf *et al.* 1983) und der λZAP-Reihe (Short und Sorge 1992) jedoch gute Ergebnisse.

Die *E. coli* sollten in Nährmedium mit 10 mM Magnesiumsulfat und 0,2 Prozent (w/v) Maltose wachsen.

Die Menge an Zellen, die man zum Plattieren benötigt, hängt von der Schalengröße ab (Tabelle 6.1). Wir verwenden

- 0,1 ml für eine 90-mm-Schale,
- 0,3 ml für eine 150-mm-Schale,
- 1 ml für eine 20 × 20-cm-Schale.

Das entspricht etwa $1,6 \times 10^6$ Zellen pro ml.

Bakteriophagen λ

Wir setzen voraus, daß eine Stammsuspension von λ-Partikeln mit bekanntem Titer (bekannter Konzentration) vorhanden ist. Verfügt man über keine zuverlässige Schätzung des Titers, muß man ihn selbst bestimmen. Methoden hierfür beschreiben wir in Abschnitt 6.2. Direkt vor dem Gebrauch stellt man eine geeignete Verdünnung der λ-Partikel in SM-Puffer her. Die Wahl der λ-Partikelkonzentration in dieser verdünnten Suspension richtet sich nach der Größe der verwendeten Schale und der Plaquezahl pro Platte. Das Volumen der Bakteriophagensuspension pro Platte sollte nicht größer sein als das Volumen der Wirtszellen (Tabelle 6.1). Will man beispielsweise auf einer 90 mm-Schale 10 000 Plaques haben, sollten sich in der verdünnten Suspension mit einem Volumen von höchstens 0,1 ml 10 000 Bakteriophagenpartikel befinden.

SM-Puffer besteht aus 100 mM Natriumchlorid, 10mM Magnesiumsulfat, 50 mM Tris-HCl, pH 7,5, 0,01 Prozent (w/v) Gelatine. Gelatine stabilisiert die λ-Partikel.

Wenn man aus einem wertvollen Bakteriophagenvorrat plattiert, wie etwa eine genomische oder cDNA-Bibliothek, sollte man nicht mehr als nötig ansetzen. Verdünnte Suspensionen eignen sich nicht für eine Lagerung.

Das Plattieren

Hat man trockene Grundagarplatten, verflüssigte Topagarose mit der richtigen Temperatur, Wirtszellen und eine λ-Suspension mit dem richtigen Titer hergestellt, kann man mit dem Plattieren der Suspension beginnen.

Mischen der Bestandteile

Mit sterilen Mikropipettenspitzen gibt man die entsprechenden Volumina an Wirtszellen und λ-Suspension in ein steriles Plastikröhrchen von geeigneter Größe. Wir verwenden

- kleine sterile 5 ml-Reaktionsgefäße aus Plastik für 90 mm-Schalen,
- sterile 25 ml-Universalgefäße aus Plastik für 150 mm-Schalen,
- sterile 50 ml-Falcon-Röhrchen aus Plastik für 20 × 20 cm-Schalen.

Die Röhrchen werden verschlossen und für 20 Minuten bei 37 °C inkubiert, damit die Bakteriophagen λ an die Oberfläche der *E. coli* anheften. Gegen Ende der Inkubation holt man die Grundagarplatten aus dem Inkubator, in den man sie zum Trocknen und Aufwärmen gelegt hat. Man numeriert sie auf ihrer Unterseite mit einem wasserfesten Markierungsstift. Anschließend legt man die Schalen einzeln, nicht in Stapeln, auf eine ebene Fläche mit dem aufliegenden Deckel nach oben.

> Nicht die Deckel markieren, da man sie während der folgenden Schritte leicht vertauschen kann.

Die Bakteriophagen-*E. coli*-Mischung wird aus dem 37 °C-Inkubator geholt und die flüssige Topagarose aus ihrem Inkubator. Wenn die Topagarose eine Temperatur von 45 °C erreicht hat und man viele Platten zu gießen hat, sollte man sie vielleicht neben sich in ein 45 °C-Wasserbad stellen, um ein Festwerden während des Gießens zu vermeiden. Wenn man mit einer 65 °C-warmen Topagarose beginnt und/oder nur einige Platten gießen muß, kann man die Arbeit vermutlich mit der Topagaroseflasche neben sich auf dem Arbeitsplatz durchführen. Man nimmt immer nur ein Röhrchen mit Bakteriophagen und *E. coli* und fügt die notwendige Menge an Topagarose hinzu. Am besten ist es, die Topagarose direkt aus der Flasche in das Röhrchen zu gießen und die dazugegebene Menge mit dem Auge abzuschätzen. Man kann auch sterile Glas- oder Plastikpipetten verwenden, um die Topagarose zu portionieren. Doch dadurch hat sie nur mehr Zeit, fest zu werden, und das Kontaminationsrisiko wächst. Außerdem muß man auch an die zusätzliche Reinigung (oder zusätzlichen Kosten, wenn man Einmalpipetten verwendet) denken. Hat man sich dazu entschlossen, die Topagarose zu gießen, muß man darauf achten, nie die Flasche am oberen Ende mit dem Inhalt des Röhrchens, in das man hineingießt, zu kontaminieren.

> Es ist nicht notwendig, die exakt berechnete Menge Topagarose dazuzugeben.

Gießen der Platten
Sobald man die Topagarose dazugegeben hat, verschließt man zügig das Röhrchen, mischt den Inhalt durch Überkopfdrehen des Röhrchens, öffnet es wieder und gießt den Inhalt auf den Grundagar einer Schale. Dabei darf man nicht ängstlich sein. Wenn man beherzt gießt, wird man sehen, daß sie sich viel besser über den Grundagar verteilt. Die Topagarose verteilt sich besser über den Grundagar, wenn man die Schale sanft hin und her wiegt. Das alles sollte man so schnell wie möglich machen, dabei jedoch vermeiden, daß Luftblasen in der Topagarose entstehen. Insbesondere sollte man *nicht* die letzten Reste an Topagarose auf die Schale schütten. Diese enthalten sehr wahrscheinlich Luftblasen, aber kaum mehr Bakteriophagen. Befinden sich nach dem Gießen Luftblasen in der Topagarose, bringt man sie mit einer sterilen Mikropipettenspitze oder einem sterilen Zahnstocher zum Platzen. Wenn man mit der gegossenen Schale zufrieden ist, legt man den Deckel leicht schräg auf und gießt die nächste Schale.

> Warme Grundagarplatten sind für das Ausbreiten der Topagarose hilfreich.
>
> Beginnt die Topagarose zu erstarren, läßt man sie am besten stehen und lebt mit den Luftblasen, die zurückbleiben.

Das oben geschilderte Verfahren kann sich am Anfang als recht schwierig erweisen, aber mit etwas Übung hat man bald den Trick heraus, wie man schnell große Mengen an glatten, luftblasenfreien Platten gießen kann. Warme Grundagarschalen, ausreichende Volumina an heißer Topagarose und ein Minimum an schnellem Pipettieren helfen dabei, sich diese Methode anzueignen und dabei Erfahrungen zu sammeln.

Wenn man niemals zuvor Platten gegossen hat, kann man das mit SM-Puffer anstelle von Bakteriophagen üben.

Inkubieren der Platten
Sind alle Platten gegossen, läßt man sie so lange stehen, bis die Topagarose richtig fest geworden ist. Je größer die Schale und je heißer der Tag, desto länger dauert es. Verwendet man 20 × 20 cm-Schalen, läßt man sie 30 Minuten stehen, um sicherzugehen, daß sie fest sind. Wenn die Platten fertig sind, legt man die Deckel vollständig auf, dreht die Platten vorsichtig auf den Deckel und inkubiert sie so über Nacht bei 37 °C. Ist der Inkubator groß genug, sollte man die Platten einzeln und nicht stapelweise hinlegen. Dadurch wird zusätzlich das Risiko einer Kondensierung herabgesetzt.

Topagarose, die nicht vollständig erstarrt ist, rutscht in den Deckel, wenn man die Platte auf die Oberseite legt. Das sieht zwar äußerst elegant aus, ist aber bei weitem keine Entschädigung für den verursachten Schaden.

Was sollte man am Morgen danach sehen?
Nach einer Über-Nacht-Inkubation begutachtet man die Platten. Abbildung 6.3 zeigt eine typische Platte. Hat man eine Anzahl von Plaques in der richtigen Größenordnung und ist die Platte frei von Kontaminationen, legt man sie für eine Stunde umgedreht in einen Kühlschrank oder Kühlraum, bevor man Membranabdrücke erstellt.

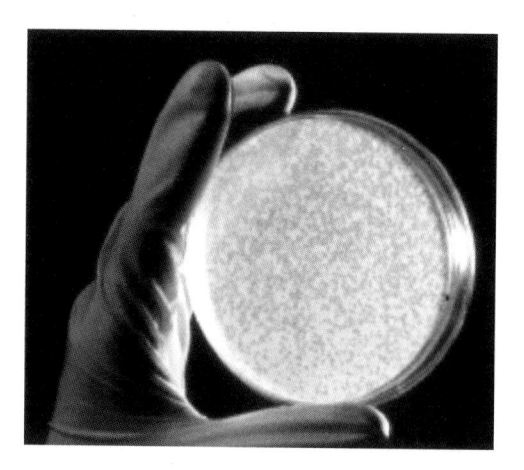

6.3 λ-Plaques auf einem *E. coli*-Rasen auf einer 90 mm-Petrischale. (Fotographie mit freundlicher Genehmigung von Amersham International plc)

Das vorherige Abkühlen der Platten verringert das Risiko, daß sich die Topagarose abhebt oder zerfällt, wenn man Membranabdrücke macht.

Wenn man ein Screening mit Platten hoher Plaquedichte durchführt, sollten die Plaques die Platte so bedecken, daß sie sich gegenseitig berühren, aber noch kleine Bereiche von nicht lysierten Bakterien zwischen sich zurücklassen. Aus den oben aufgeführten Gründen lohnt es sich nicht, vollständig konfluente Platten weiter zu bearbeiten. Anders verhält es sich, wenn auf der Platte viel zu wenig Plaques sind. Bei einem Experiment hatten wir uns verrechnet und anstatt 200 000 nur 2 000 Plaques einer genomischen Bibliothek auf eine 20 × 20 cm-Schale ausplattiert. Optimistisch wie wir waren, zogen wir von der Platte Membranen und fanden entgegen aller Wahrscheinlichkeit den gesuchten Klon. Da wir die Bibliothek mit so geringer Dichte ausplattiert hatten, waren wir auch in der Lage, einen sauberen Plaque zu isolieren, ohne weitere Screening-Runden durchführen zu müssen. So etwas passiert allerdings nicht immer.

Auch kontaminierte Platten können brauchbar sein. Eine Kontamination *in* der Topagarose oder im Grundagar ist allerdings ein wirkliches Problem. Diese Platten sollte man wegwerfen. In einigen Fällen hatten wir jedoch Platten gerettet, auf deren Topagarose eine dicke cremige Schicht von Kontaminanten gewachsen war. Eine solche Schicht kann man mit der Kante eines sauberen Objektträgers vorsichtig abschaben. Wenn man darauf achtet, nicht die Topagarose zu verletzen, kann man darunter gute Plaques im *E. coli*-Rasen finden. Wir haben solche Platten mit Erfolg gescreent. Natürlich ist es besser, keine Kontaminationen zu haben. Meistens lohnt es sich nicht, ein halb mißratenes Experiment fortzusetzen. Allerdings ist es wertvoll zu wissen, daß man im Extremfall kontaminierte Platten oftmals retten kann.

6.1.2 Herstellen von Membranabdrücken

Vorbereiten der Membranen

Während die Platten abkühlen, bereitet man seinen Arbeitsplatz vor. Um die Membranen nebeneinander auszubreiten, benötigt man ausreichend Platz. Auch die Membranen kann man vorbereiten und sollte daran denken, sie immer nur mit Handschuhen anzufassen. Wie wir in Kapitel 7, Abschnitt 7.1 zeigen werden, sind für die Herstellung von Abdrücken von λ-Platten Nylonmembranen wesentlich besser geeignet als Nitrocellulosefilter, wenn man die Filter mittels Nucleinsäurehybridisierung screenen möchte. Nitrocellulosefilter sollte man nur verwenden, wenn man mit einem Antiserum screent. Welche Nylonmembran man schließlich verwendet, ist ganz dem persönlichen Geschmack überlassen. Einige Hersteller bieten runde Membranen an, die in die 90 mm- und 150 mm-Schalen passen. Sofern man nicht schon eine Vorrichtung zum Ausschneiden von Kreisen aus Membranbögen besitzt, sollte man sich eine zulegen. Kreise mit einer Schere oder einem Skalpell auszuschneiden, ist sehr aufwendig. Außerdem riskiert man dabei, die Oberfläche der Membran zu beschädigen und damit eine falschpositive Hybridisierung der Sonde zu unterstützen. Es ist auch möglich, bereits zurechtgeschnittene 20 × 20 cm-Membranen zu kaufen, obwohl es eigentlich ganz einfach ist, die Quadrate selbst zu schneiden. Die Membranen werden so verwendet, wie sie vom Hersteller geliefert wurden. Es ist unnötig und außerdem nicht ratsam, sie vor Gebrauch anzufeuchten oder zu sterilisieren.

Für Hinweise zur Verwendung von Nylonmembranen und Nitrocellulosefiltern siehe Kapitel 7, Abschnitt 7.1.

Punkte von einer falschpositiven Bindung der Sonde stellen ein großes Problem beim Plaque/Kolonie-Screening dar, da die richtigen Signale ebenfalls punktförmig sind. Beim Southern/Northern-Blotting dagegen sind sie weniger problematisch, da hier die richtigen Signale die Form von Banden haben.

Für jede Platte braucht man zwei Membranen, da es absolut notwendig ist, zwei genau gleiche Membranabdrücke von allen Platten anzufertigen. Im allgemeinen erhält man auf der Autoradiographie von der hybridisierten Membran einige wahllos verteilte Punkte, die durch artifizielle Bindung der Sonde während der Hybridisierung zustande kommen. Da solche künstlichen Signale den richtigen ähneln, kann man die richtigen von den falschen Signalen nur unterscheiden, wenn man ein Signal auf beiden Duplikaten an der gleichen Stelle beobachtet. Künstliche Signale werden im allgemeinen nicht dupliziert.

Herstellen des ersten Membranabdruckes

Wenn man so weit ist, holt man die Platten aus dem Kühlschrank oder Kühlraum. Man nimmt eine Platte und verfährt wie folgt.

Mit einem weichen Bleistift versieht man die Kanten der Membran mit der Plattennummer und einem „A", um zu dokumentieren, daß dies die erste Membran ist, die man auf die Platte legt. Die Kanten der Membran hält man so, daß sich die Mitte durch ihr Eigengewicht leicht nach unten biegt (Abbildung 6.4 a). Man läßt die Membran die Mitte der Platte berühren. Die Membran wird an der Kontaktstelle sofort feucht. Anschließend läßt man einfach die ganze Membran auf die Topagarose gleiten (Abbildung 6.4 b). Legt man die Membran auf diese Weise auf, das heißt von der Mitte nach außen, legt sie sich über die ganze Platte, ohne Falten zu bilden oder Luftblasen einzufangen. *Unter keinen Umständen* darf man die Membran seitwärts verschieben oder abziehen und wieder auflegen, wenn sie einmal mit der Platte in Kontakt gekommen ist.

Immer Einmalhandschuhe tragen.

Wenn der Hersteller eine bestimmte Seite zur DNA-Bindung empfiehlt, legt man diese Seite auf die Topagarose.

Nicht mit einer Membran weiter arbeiten, die keinen guten Kontakt zur gesamten Oberfläche hat. Man werfe sie weg und nehme eine neue.

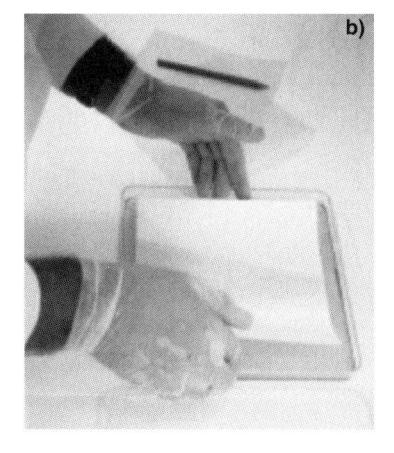

6.4 Auflegen einer Nylonmembran auf einen *E. coli*-Rasen mit λ-Plaques.

Wenn die Membran aufliegt, markiert man sie zur Orientierung an den gleichen Punkten wie die Platte (Abbildung 6.5). Hierfür nimmt man eine dünne Injektionsnadel, Stärke 18 und sticht ganz vorsichtig senkrecht durch die Membran und den Agar hinunter bis zum Schalenboden. Die Nadel zieht man vorsichtig wieder heraus und wiederholt den Vorgang an einer anderen Stelle. So erhält man eine Reihe von Orientierungspunkten, etwa so wie in Abbildung 6.6 zu sehen ist. Die Anordnung der Orientierungspunkte muß asymmetrisch sein, damit man die Position der Membran auf der Platte später genau und zweifelsfrei bestimmen kann.

6.5 Anbringen einer Orientierungsmarkierung auf eine Benton-Davis-Membran mit einer Injektionsnadel der Stärke 18.

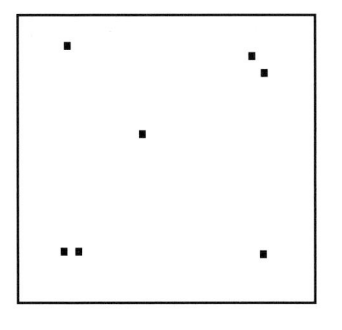

6.6 Ein typisches asymmetrisches Muster von Orientierungsmarkierungen.

Die Nadel kann stumpf werden und an der Membran hängen bleiben, wenn man sie herausziehen möchte. Daher sollte man immer frische Nadeln bereit liegen haben.

Während die Membran noch auf der Platte liegt, schließt man den Deckel, dreht die Platte um und markiert die Positionen der Nadeleinstiche mit einem wasserfesten Markierungsstift auf dem Boden der Schale (Abbildung 6.7).

Um die Membran später genau ausrichten zu können, sollte man mit dem Stift kleine Markierungen einzeichnen.

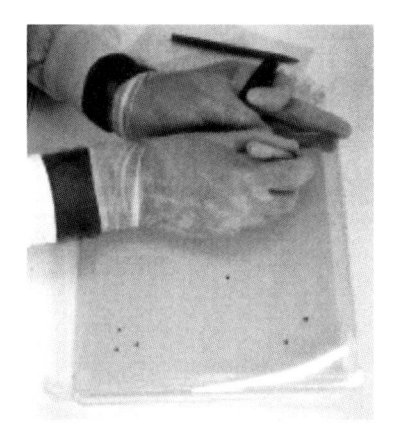

6.7 Übertragung der Positionen der Orientierungsmarkierungen mit einem wasserfesten Markierungsstift auf die Unterseite der Petrischale.

Während des Markierungsvorgangs haben sich genügend Bakteriophagen aus jedem Plaque an der Membran angeheftet. Mit einer stumpfen Pinzette hebt man vorsichtig eine Kante der Membran an und zieht sie ab. Mit der Bakteriophagenseite nach oben legt man sie anschließend auf einen Bogen einfaches Filterpapier (Abbildung 6.8).

Die Richtzeit für den Transfer auf die erste Membran beträgt 1–2 Minuten.

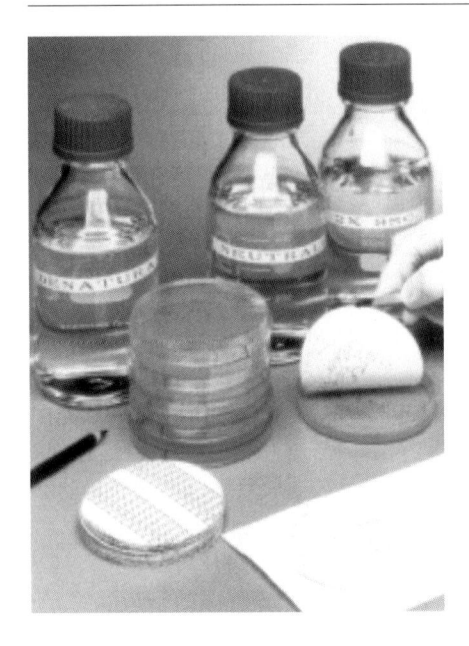

6.8 Abziehen einer Membran von einer Platte mit Hilfe einer stumpfen Pinzette.
Diese λ-Plaques sind blau, da der Bakteriophage das *E. coli-lacZ*-Gen trägt. Infizierte *E. coli* exprimieren daher β-Galaktosidase, die ein blaues Produkt herstellt, wenn sich auf der Topagarose X-Gal befindet. (Fotographie mit freundlicher Genehmigung von Amersham International plc)

Herstellen des zweiten Membranabdruckes

Man versieht eine zweite Membran mit der Nummer der Platte und einem „B" und legt sie, wie eben beschrieben, auf die Platte. Wiederum nimmt man eine Nadel mit der Stärke 18 und durchsticht die Membran exakt dort, wo die Markierungen auf der Unterseite der Schale angebracht sind. *Absolute Genauigkeit ist dabei entscheidend.* Wenn man die Membran markiert hat, legt man den Deckel auf die Platte und legt sie beiseite. Die zweite Membran läßt man so lange auf der Platte, bis man alle Platten bearbeitet hat.

Man kann sich die Arbeit erleichtern, wenn man die Schale auf einen Lichtkasten legt.

Den eben beschriebenen Vorgang wiederholt man mit allen übrigen Platten. Hat man alle Platten bearbeitet, zieht man die zweite Membran ab und legt sie auf Filterpapier.

Wie lange die zweite Membran auf der Platte liegen bleiben sollte, ist egal, solange es länger als zwei Minuten sind.

Manche ziehen mehrere Membranen von einer Platte. Allerdings merkt man, daß die Intensität der Hybridisierungssignale nach der dritten Membran drastisch abnimmt. Es lohnt sich daher kaum, mehr als zwei zu ziehen.

Einige Molekularbiologen markieren die Positionen der Nadeleinstiche auf den Membranen mit einem Kugelschreiber, einem wasserfesten Markierungsstift oder Tusche. Andere vertrauen auf ihre Kunst, die dünnen Nadeleinstiche später wiederzufinden. Die Wahl bleibt einem selbst überlassen.

Lagern der Platten

Wenn man alle Membranen abgenommen hat, wickelt man die Platten in Frischhaltefolie oder dichtet die Ränder mit Parafilm ab, damit sie nicht austrocknen. Sie werden mit dem Deckel nach unten in einem Kühlschrank oder Kühlraum gelagert. Mit dem Ziehen der Membranen kommt es notgedrungen zu Kontaminationen auf den Platten, und nach einigen Wochen findet man viele exotisch bunte Kolonien, die sich während der Lagerung entwickelt haben. Daher sollte man zügig mit der Hybridisierung fortfahren, damit man die gewünschten Plaques isolieren kann, lange bevor die Kontaminanten Probleme machen.

6.1.3 Behandlung der Membranen vor der Hybridisierung

Jetzt muß man die Membranen mit einer Denaturierungs-, einer Neutralisierungslösung und $2 \times$ SSC behandeln und anschließend die DNA an die Membran fixieren.

Denaturierung

Die Denaturierungslösung bricht die λ-Partikel auf und denaturiert ihre DNA. Man legt alle Membranen zusammen mit der DNA-Seite nach oben in einen Plastikbehälter mit Denaturierungslösung. Der Behälter sollte groß genug sein, um die Membranen aufzunehmen, ohne daß sie gebogen oder gefaltet werden. Außerdem sollte sie genügend Flüssigkeit enthalten, damit die Membranen sich frei bewegen können, während man den Behälter sachte von einer Seite zur anderen wiegt. Der Vorgang dauert nur eine Minute, und danach kann man die Membranen wieder herausnehmen. Man hält die Membran an einem Ende fest und hält das andere Ende zum Abtropfen an die Seite des Behälters. Anschließend legt man sie mit der DNA-Seite nach oben auf ein einfaches Filterpapier, damit die überschüssige Flüssigkeit absorbiert wird. Dieser Vorgang verringert die Menge an Denaturierungslösung, die man sonst in die Neutralisierungslösung einschleppen würde.

> Eine Denaturierungslösung besteht typischerweise aus 0,4 M NaOH, 1,5 M NaCl.
>
> Wir hatten niemals Probleme dadurch, daß wir alle Membranen zusammen in einem Behälter verarbeiteten.
>
> Nylonmembranen legt man direkt in die Lösung, Nitrocellulosefilter aber läßt man vorsichtig auf die Oberfläche gleiten, so daß sie nur von der Unterseite benetzt werden (Kapitel 7, Abschnitt 7.1). Erst dann taucht man sie ein.

Neutralisierung

Nach der Denaturierung legt man die Membranen in Neutralisierungslösung, schwenkt sie vorsichtig für eine Minute, nimmt sie wieder heraus und entfernt die überschüssige Flüssigkeit, wie oben beschrieben.

> Die Neutralisierungslösung besteht typischerweise aus 1,5 M NaCl, 0,5 M Tris-HCl, pH 7,4.

Behandlung mit $2 \times SSC$

Nach der Neutralisierung legt man die Membranen für eine Minute in $2 \times SSC$, nimmt sie wieder heraus und läßt sie wie oben abtropfen. Anschließend legt man sie mit der DNA-Seite nach oben auf einfaches Filterpapier.

2 × SSC besteht aus 300 mM Natriumchlorid, 30 mM Natriumcitrat.

Fixieren der DNA an die Membranen

Am Ende sollte man die λ-DNA, wie in Kapitel 3, Abschnitt 3.1.5 beschrieben, nach den Anweisungen der Hersteller an die Membran fixieren. Wie wir in Kapitel 3, Abschnitt 3.1.6 beschrieben haben, kann man die Membranen lagern, bis man hybridisieren will.

6.1.4 Eine kurze Bemerkung über Hybridisierungssonden

Die Hybridisierung und das Waschen von Membranen sollte man unter standardisierten und einfachen Bedingungen durchführen. Wenn man ein kloniertes DNA-Fragment als Sonde verwenden möchte, *muß* man sicherstellen, daß die Sonde keine Sequenzen aus dem verwendeten λ-Vektor enthält. Andernfalls würde jeder Plaque hybridisieren. Das kann beispielsweise auftreten, wenn das Plasmid, aus dem man die Sonde isoliert hat, und der λ-Vektor das *lacZ*-Gen von *E. coli* tragen.

6.1.5 Orientieren von Membranen und Röntgenfilm vor der Autoradiographie

Nachdem man die Membranen hybridisiert und gewaschen hat, geht man an die Autoradiographie. Wenn man die Benton-Davis-Membranen exponieren möchte, ist es absolut notwendig, die exakte Position der Membranen bezüglich des Röntgenfilmes zu kennen. Unterbleibt dies, ist man später nicht mehr in der Lage, zu bestimmen, wo die Sonde auf der Membran gebunden hat. Folglich kann man auch nicht bestimmen, welcher Plaque mit der Sonde hybridisiert hat.

Der häufigste, von Anfängern gemachte Fehler ist, daß sie vergessen, die Membranen und den Film eindeutig einander zuzuordnen.

Möglicherweise kann man auf dem belichteten Film keine Umrisse der Membranen sehen. Auch wenn man das kann, geben sie nicht die genauen Positionen wieder.

Die einfachste Methode, die Membranen und den Film aneinander auszurichten, besteht darin, die Kanten der Autoradiographiekassette zu verwenden (Abbildung 6.9 a). Hierzu klebt man die Membranen auf die Autoradiographiekassette und legt Frischhaltefolie darauf. Ohne Frischhaltefolie können die Membranen am Film festkleben. Den Röntgenfilm legt man so in die Kassette, daß die zwei aufeinanderstoßenden Kanten des Filmes an zwei aneinander grenzende Ränder der Kassette stoßen. Eine Ecke des Filmes knickt man, damit man sich an dessen Orientierung in der Kassette erinnert, und schließt die Kassette.

Manche Frischhaltefolien laden sich elektrostatisch auf und belichten den Film.

Mit Röntgenfilmen darf man nur unter Rotlicht in einer Dunkelkammer arbeiten.

Alternativ dazu kann man auch radioaktive Tinte verwenden (Abbildung 6.9 b). Hierfür klebt man zuerst die Membranen in die Autoradiographiekassette. Einige Tropfen radioaktiver Tinte werden auf ein paar klebefähige Markierungspunkte aufgebracht und in der Kassette an verschiedenen, asymmetrisch angeordneten Positionen um die Membranen herum befestigt. Als nächstes bedeckt man die Membranen und Markierungspunkte mit Frischhaltefolie, legt den Film auf und schließt die Kassette. In diesem Fall ist es nicht notwendig, die richtige Position des Filmes in der Kassette zu bestimmen.

Die radioaktiv markierten Punkte nicht – wie es in manchen Protokollen steht – auf die Frischhaltefolie kleben. Die Folie kann verrutschen.

Eine dritte Methode ist, sorgfältig positionierte Bleistiftmarkierungen zu verwenden (Abbildung 6.9 c). Hierfür legt man einen Bogen Whatman-3MM-Filterpapier in die Kassette. Die Membranen werden einzeln in Frischhaltefolie eingewickelt und auf das Whatman-3MM-Filterpapier geklebt. Mit einem Papierlocher stanzt man einige asymmetrisch angeordnete Löcher in den Film. Der Film wird in die Kassette gelegt und die Positionen der Löcher im Film mit einem spitzen Bleistift auf dem darunterliegenden Whatman-3MM-Filterpapier markiert.

Man entwickelt bald für die eine oder andere Methode eine Vorliebe oder übernimmt oder erfindet eine andere geeignete Methode mit der gleichen Funktion.

6. Plaque- und Kolonie-Screening

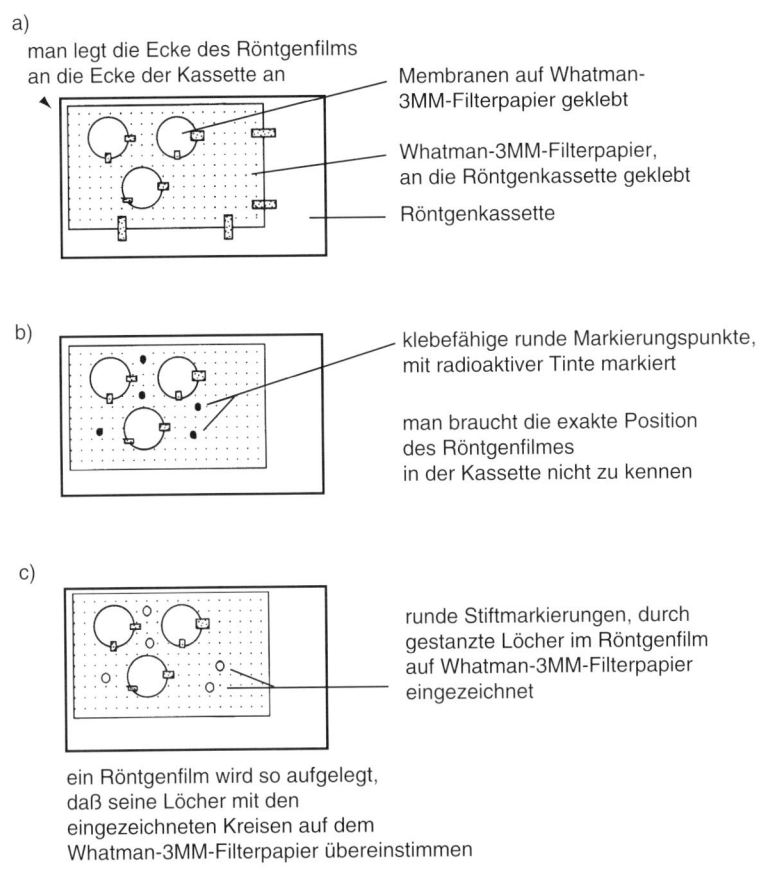

a) man legt die Ecke des Röntgenfilms an die Ecke der Kassette an

Membranen auf Whatman-3MM-Filterpapier geklebt

Whatman-3MM-Filterpapier, an die Röntgenkassette geklebt

Röntgenkassette

b) klebefähige runde Markierungspunkte, mit radioaktiver Tinte markiert

man braucht die exakte Position des Röntgenfilmes in der Kassette nicht zu kennen

c) runde Stiftmarkierungen, durch gestanzte Löcher im Röntgenfilm auf Whatman-3MM-Filterpapier eingezeichnet

ein Röntgenfilm wird so aufgelegt, daß seine Löcher mit den eingezeichneten Kreisen auf dem Whatman-3MM-Filterpapier übereinstimmen

6.9 Drei Methoden, um Benton-Davis- oder Grunstein-Hogness-Membranen an einem Röntgenfilm auszurichten.
a) Die Ränder der Autoradiographiekassette werden zu Hilfe genommen. b) Es wird radioaktive Tinte verwendet. c) Man verwendet Bleistiftmarkierungen. Einzelheiten der Methoden stehen im Text.

6.1.6 Identifizierung von Hybridisierungssignalen nach der Autoradiographie

Nach der Belichtung und der Entwicklung des Filmes sollte man die Kassette mit den Membranen auf Raumtemperatur erwärmen lassen und das Kondenswasser von der auf der Membran liegenden Frischhaltefolie wischen. Der entwickelte Film wird in die Kassette gelegt, und zwar in derselben Orientierung wie während der Belichtung. Dies geschieht, indem man die Kanten des Filmes an die Kanten der Kassette legt, die radioaktiven Punkte auf den Markierungspunkten mit den entsprechenden Signalen auf dem Film oder die gestanzten Löcher im Film mit den eingezeichneten Bleistiftmarkierungen auf dem Whatman-3MM-Filterpapier zur Deckung bringt. Als nächstes markiert man mit einem spitzen, wasserfesten Markierungsstift die genauen Positionen der Nadeleinstiche in den Membranen (Abbildung 6.10).

Jetzt ist man so weit, die Hybridisierungssignale zu identifizieren. Das wichtigste Kriterium zur Unterscheidung eines echten von einem unechten Signal besteht darin, daß die echten Signale auf beiden Membranduplikaten an der gleichen Stelle erscheinen. Es gibt allerdings noch andere Anhaltspunkte. Zum Beispiel haben echte Signale sehr häufig einen „Kometenschweif", der wahrscheinlich durch das Strecken der Bakteriophagen während der Weiterbehandlung der Membranen vor der Hybridisierung zustande kommt. Eine andere gängige Erklärung ist, daß die Verzerrung des Signals durch das Abziehen der Membran zustande kommt. Die ursprünglich runden Plaques werden somit einfach in die Länge gezogen. Mit etwas Erfahrung bekommt man ein Gefühl dafür, was „richtig" aussieht. Die Abbildungen 6.11 und 6.12 zeigen einige Beispiele für echte Signale. Die Abbildungen 6.13 und 6.14 zeigen einige Dinge, die schief gehen können.

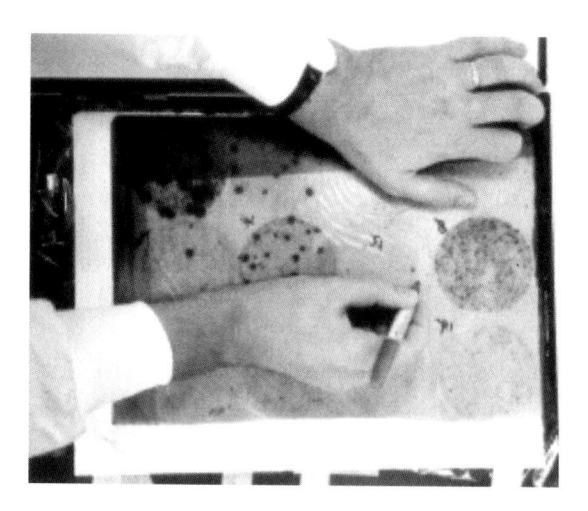

6.10 Übertragen der Positionen der Nadeleinstiche in den Membranen auf den exponierten und entwickelten Röntgenfilm mit einem wasserfesten Markierungsstift.

6.1.7 Isolierung von Plaques

Um Plaques zu isolieren, holt man die Platten aus dem Kühlschrank oder dem Kühlraum, läßt sie auf Raumtemperatur erwärmen und wischt das Kondenswasser auf ihrer Außenseite ab. Die Platte legt man auf den markierten entwickelten Film, den man vorher auf einen Leuchtkasten gelegt hat. Man nimmt den Deckel von der Platte und bringt die Orientierungsmarkierungen der Platte mit denen auf dem Film zur Deckung. Dabei sollte man die Hybridisierungssignale durch die Platte hindurch sehen können. Ist das nicht der Fall, weil sie zum Beispiel zu schwach sind, markiert man die Signale auf dem Film mit einem schwarzen Markierungsstift. Hat man alles optimal zur Deckung gebracht, isoliert man den Plaque oder die Plaques, die direkt über dem Hybridisierungssignal liegen.

Verwendet man kalte Platten, bildet das Kondenswasser einen Film, der die Plaques unscharf macht.

Hat man die Plaques nicht so dicht ausplattiert, kann man eventuell einzelne, gut voneinander getrennte Plaques isolieren, indem man mit einer sterilen Pasteurpipette in die Topagaroseschicht sticht, die Topagarose aufsaugt und sie in 1 ml SM-Puffer mit einem Tropfen Chloroform überträgt.

Das Chloroform lysiert lebensfähige *E. coli*, die übriggeblieben sind, erhöht die Ausbeute an Bakteriophagen λ und sorgt für Sterilität.

Wurden die Plaques sehr dicht ausplattiert, ist man nicht in der Lage, den positiven Plaque zu identifizieren. In diesem Fall muß man einen ganzen Bereich der Topagarose ausstechen, der dem Hybridisierungssignal entspricht. Er enthält mehrere Plaques, einschließlich demjenigen, der das Hybridisierungssignal verursacht hat. Wie schon zuvor sollte man das Topagaroseklümpchen in 1 ml sterilen SM-Puffer mit einem Tropfen Chloroform geben.

Um sicherzugehen, daß man den Bereich mit dem richtigen Plaque isoliert, verwenden wir das obere weite Ende einer sterilen Pasteurpipette zum Ausstechen von einer dicht ausplattierten Platte.

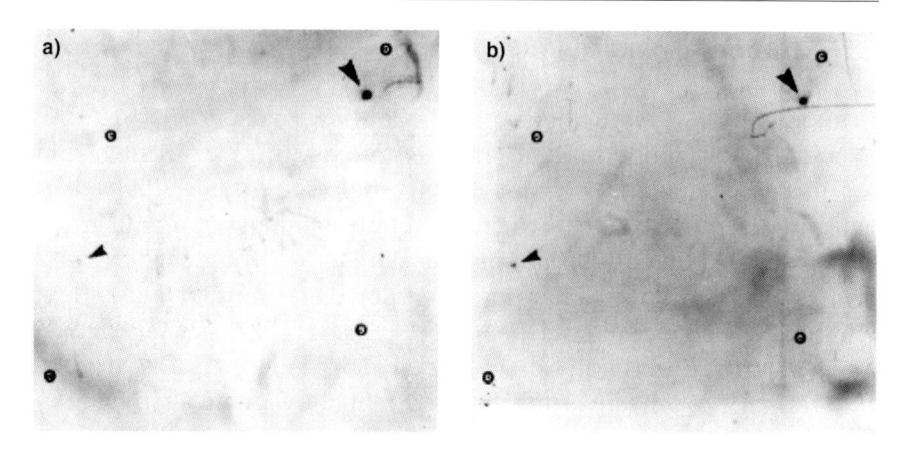

6.11 Ein Screening nach Benton-Davis mit hoher Plaquedichte.
200 000 Plaques einer Hühnerembryo-cDNA-Bibliothek wurden auf eine 20 × 20 cm-Schale ausplattiert. Zwei gleiche Membran-Abdrücke (a und b) wurden mit einer BMP-2 (*bone morphogenetic*-Protein-2)-cDNA-Sonde von der Maus hybridisiert. Man sieht ein starkes Doppelsignal (großer Pfeil). In b) hat es einen „Kometenschweif", der nach „Nord-Ost" zeigt. Der Plaque, der das Signal erzeugte, war ein Hühner-BMP-2-cDNA-Klon. Auch ein sehr schwaches Doppelsignal erscheint (kleiner Pfeil). Der Plaque, der dieses Signal erzeugte, war ein cDNA-Klon für das verwandte BMP-4-Gen. Beide Autoradiogramme zeigen artefizielle Schmutzflecken, Wirbel und Kratzer, die die Identifizierung von positiven Plaques nicht beeinträchtigen. Die Orientierungsmarkierungen sind eingekreist.

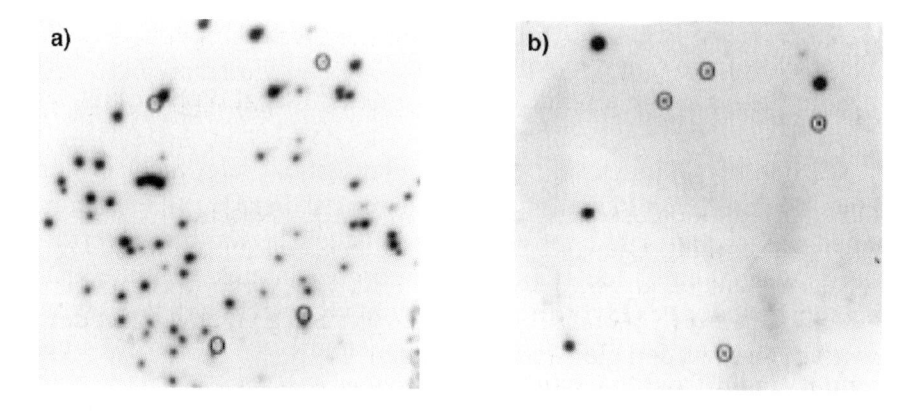

6.12 Zwei sekundäre Screens nach Benton-Davis mit niedriger Plaquedichte.
Runde 90 mm-Membranen wurden von Platten mit etwa 100 Plaques abgezogen. Die Orientierungsmarkierungen sind eingekreist. Viele der Plaques in a) haben hybridisiert und geben Signale mit „Kometenschweifs". In b) haben vier Plaques hybridisiert, und es gibt auch mit anderen Plaques eine schwache unspezifische Hybridisierung. In beiden Fällen haben die Doppelmembranen identische Hybridisierungsmuster ergeben.

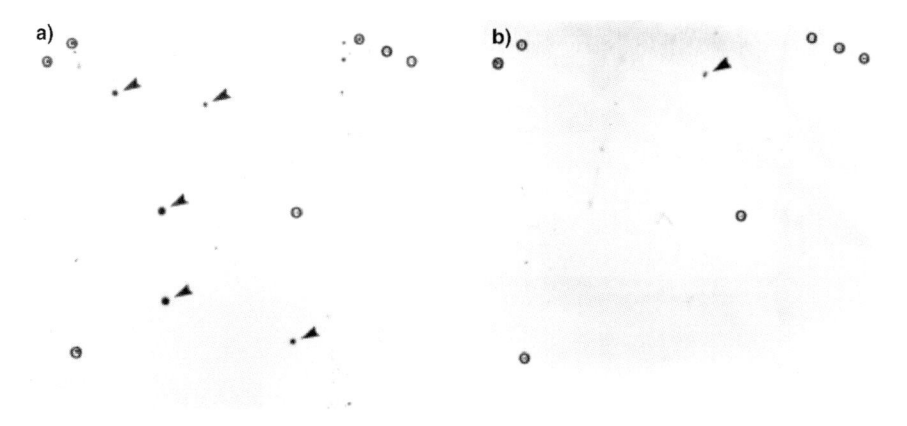

6.13 Eine Benton-Davis-Membran mit hoher Plaquedichte.
Die fünf starken Signale auf der Membran a) (Pfeil) sind auf dem Duplikat b) nicht zu sehen. Das starke Signal von b) (Pfeil) ist dagegen auf a) nicht zu sehen. Zu unserem Schaden haben wir aus allen sechs Regionen Plaques isoliert. Kein einziger enthielt Phagen, die mit der Sonde hybridisierten. Alle sechs Signale waren Artefakte. Das unterstreicht nur nochmals die Wichtigkeit von Doppelsignalen. Die Orientierungsmarken sind eingekreist.

6.1.8 Weitere Screening-Runden

Hat man von der ersten Screening-Runde eine Mischung von Plaques isoliert, muß man diese Mischung dünn ausplattieren und ein zweites Mal nach hybridisierenden Plaques durchsuchen. Um festzustellen, wieviel man von der Mischung ausplattieren muß, kann man den Titer, wie in Abschnitt 6.2 beschrieben, bestimmen. Muß man aber eine größere Anzahl von Plaquemischungen ein zweites Mal screenen, kann das sehr langwierig und teuer werden. Um Zeit und Geld zu sparen, kann man davon ausgehen, daß 50 μl einer 10^{-2}-Verdünnung von einer wie oben beschrieben isolierten Plaque-Mischung etwa 500 λ-Partikel enthält. Diese kann man sehr bequem auf eine 90 mm-Schale ausplattieren. Am besten bestimmt man vielleicht den Titer von ein oder zwei der eigenen λ-Mischungen und geht davon aus, daß die übrigen etwa den gleichen Titer haben.

Es kann vorkommen, daß man auch nach dem zweiten Screening nicht in der Lage ist, einzelne, gut voneinander getrennte hybridisierende Plaques zu isolieren, und deshalb einen Plaque ausstechen muß, der mit einem oder zwei Nachbarn verunreinigt ist. In diesem Fall muß man eine dritte Screening-Runde mit vielleicht nur 50 bis 100 Plaques auf einer 90 mm-Schale durchführen. Sobald man glaubt, daß der isolierte auch ein sauberer Plaque ist, zahlt es sich aus, einen Aliquot dünn auszuplattieren und zu überprüfen, ob alle Plaques nun hybridisieren. Das hilft, Fehler zu vermeiden, die durch das Anwachsen und Untersuchen von Mischpopulationen von Klonen auftreten können.

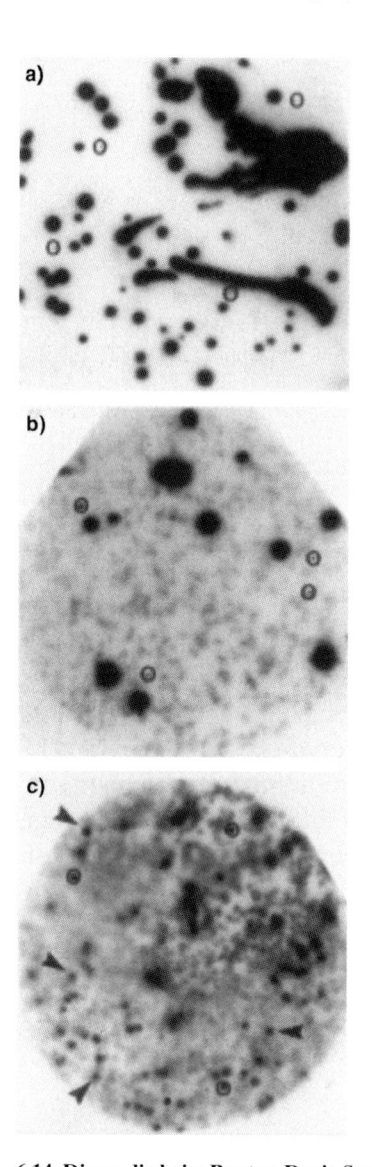

6.14 Dinge, die beim Benton-Davis-Screening schiefgehen können.
a) Plaques verschmierten und liefen ineinander, nachdem sich während des Plaquewachstums auf der Oberfläche der Topagarose Kondenswasser bildete (Abschnitt 6.1.1). b) Einige Plaques geben starke Signale, jedoch sieht man mit allen Plaques eine schwache Hybridisierung. Würde man den Röntgenfilm kürzer belichten, würde man den Hintergrund reduzieren, und die echten Signale wären kleiner. So könnte man die positiven Plaques genauer bestimmen. c) Die Stärke der echten Signale (einige sind mit Pfeilen versehen) und Hintergrundsignale sind sehr ähnlich. In diesem Fall kann es schwierig werden, die Plaques genau zu isolieren.

6.2 Bestimmen des Titers einer λ-Suspension

Es ist naheliegend, den Titer einer λ-Suspension zu bestimmen, indem man eine Verdünnungsreihe von der Suspension in SM-Puffer herstellt und kleine Portionen von den verdünnten Proben auf eine Reihe von 90 mm-Schalen plattiert. Dabei geht man wie in Abschnitt 6.1.1 vor.

Der Titer schwankt abhängig vom λ-Stamm, der Größe des gestochenen Topagarosestückes und anderen Faktoren.

Eine schnellere, allerdings etwas weniger genaue Methode besteht darin, kleine Mengen der verdünnten Bakteriophagensuspension auf einer Tüpfelplatte zu verteilen. Hierzu muß man eine Grundagarplatte gießen und darauf eine Topagaroseschicht, die *E. coli*, aber keine Bakteriophagen enthält. Ist die Topagarose vollständig erstarrt, zeichnet man mit einem wasserfesten Markierungsstift ein Gitter von numerierten Quadraten auf die Unterseite der Schale. 5 μl von jeder Bakteriophagensuspension werden auf die Plattenoberfläche aufgetragen, so daß jeder Tropfen in ein numeriertes Gitterquadrat fällt. Die Platte läßt man etwa 30 Minuten stehen, damit die punktuell aufgetragene Flüssigkeit in die Topagarose einziehen kann, und inkubiert die Platte über Nacht mit dem Deckel nach unten. Am nächsten Tag sieht man eine Anzahl von Plaques, die sich an den Auftragsstellen entwickelt haben. Wenn man die Anzahl der Plaques zählt, die sich aus den Verdünnungen entwickelt haben, ist es möglich, den ungefähren Titer der Ausgangssuspension zu errechnen.

Die Auftragspunkte müssen gut voneinander getrennt sein, damit sie nicht ineinander laufen.

6.3 Screenen von bakteriellen Kolonien mit Hilfe der Grunstein-Hogness-Methode

Um ein Sortiment von Bakterienkolonien mit rekombinierten Plasmiden zu screenen, wendet man am häufigsten die Methode von Grunstein und Hogness an. Mit dieser Methode kann man kleine Sortimente von Rekombinanten durchsuchen, wie etwa die Produkte von Subklonierungen, oder ganze cDNA- oder genomische Bibliotheken screenen, die man in Plasmid- oder Cosmid-Vektoren erstellt hat.

Für das Grunstein-Hogness-Verfahren (Abbildung 6.15) muß man folgende Schritte durchführen:

1. Das Sortiment von Bakterienkolonien plattiert man auf einer Nylonmembran oder einem Nitrocellulosefilter aus, das sich auf einer Agarschicht in einer Petrischale befindet. Das ist die *Originalmembran*.
2. Damit die Bakterienkolonien wachsen können, inkubiert man die Platte über Nacht.
3. Als nächstes macht man von der Originalmembran einen Abdruck (Replika). Hierzu zieht man die Originalmembran vom Agar ab und legt auf sie eine neue Membran auf, so daß die Bakterien von jeder Kolonie auf die neue Membran übertragen werden.
4. Man zieht die beiden Membranen auseinander und legt sie mit den Bakterien nach oben auf frische Agarplatten.
5. Nach einer weiteren Wachstumsperiode macht man von der Originalmembran einen zweiten Abdruck auf eine zweite neue Membran. Wiederum inkubiert man beide Membranen auf frischen Agarplatten. Nach dieser Wachstumsperiode hebt man die Originalmembran auf und screent die zwei Replikamembranen.

Die Vermehrung der Agarplatten, die dieses Verfahren mit sich bringt, macht die Durchführung unhandlicher als das Benton-Davis-Screening.

Wie screent man die Membranen? Zunächst behandelt man die Membranen, um die DNA aus den *E. coli* freizusetzen und an die Membran zu fixieren. Spezifische DNA-Sequenzen, die sich auf der Membran befinden, weist man durch Hybridisierung mit einer markierten Sonde und folgender Autoradiographie nach (oder einer geeigneten Methode zum Nachweis einer nicht radioaktiven Sonde). Hybridisierende Kolonien identifiziert man, indem man das Autoradiogramm mit der Originalmembran zur Deckung bringt. Diese werden für weitere Untersuchungen isoliert.

Wir werden uns nun einige Schritte dieses Verfahrens etwas genauer ansehen.

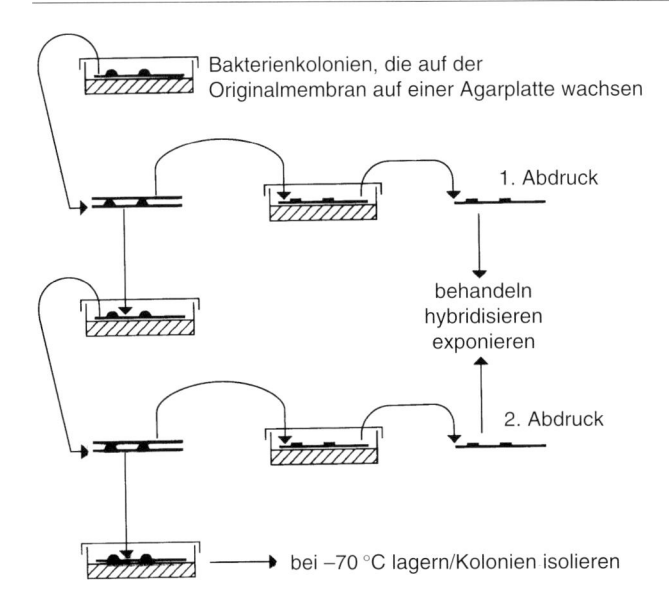

6.15 Grunstein-Hogness-Screening.

6.3.1 Plattieren

Wie beim Benton-Davis-Screening, muß man sich zuerst entscheiden, welche Größe die verwendeten Petrischalen haben sollen und wieviele Kolonien man auf jede Platte plattieren möchte. Es gelten die Dinge, die wir auch im Abschnitt 6.1.1 *Petrischalen* besprochen haben. Gemäß der Beschreibung in Abschnitt 6.1.1 stellt man Grundagar Platten mit 1,1 Prozent Agar (w/v) in Nährmedium her. Es ist nicht notwendig, den Platten Magnesiumionen oder Maltose zuzugeben, sondern stattdessen das geeignete Antibiotikum. Dies erlaubt, auf *E. coli*-Kolonien zu selektionieren, die das verwendete Plasmid/Cosmid enthalten.

Die Platten können gleich nach dem Festwerden verwendet werden. Es gibt keinen Grund, sie über einen langen Zeitraum trocknen zu lassen.

Wenn man so weit ist, die Bakterien auszuplattieren, nimmt man eine frische Nylonmembran, markiert sie mit einem weichen Bleistift und legt sie langsam auf den Grundagar. Wie in Abschnitt 6.1.2 und in Kapitel 7 beschrieben, werden für diesen Zweck bevorzugt Nylonmembranen statt Nitrocellulosefilter verwendet. Um sicherzustellen, daß die Membran flach und ohne Luftblasen auf der Agaroberfläche liegt, sollte man die Hinweise befolgen, die wir in Abschnitt 6.1.2 genannt haben.

> Bei Arbeiten mit Membranen immer Handschuhe tragen.
>
> Wenn der Hersteller für die DNA-Bindung eine bestimmte Seite empfiehlt, sollte man diese Seite **nach oben** legen.

Eine Bakteriensuspension, wie etwa eine cDNA-Bibliothek, die in einem Plasmid-Vektor konstruiert wurde, oder eine genomische Bibliothek, die in einem Cosmid-Vektor konstruiert wurde, oder eine kleine Sammlung klonierter Fragmente, kann man auf einer Membran genauso wie auf Agar verteilen. Hat man nur ein paar gereinigte Klone, die man auf eine Homologie mit einer bestimmten Sonde untersuchen möchte, kann man alternativ dazu bei einer Aufstreichimpfung der einzelnen Klone in einer regelmäßigen Anordnung auf der Membranoberfläche genauso verfahren, als wenn man auf Agar auftragen würde. Einige Hersteller bieten Membranen an, die mit einem Gittermuster versehen sind (Abbildung 6.16), so daß man jeden Klon in einem leicht identifizierbaren Gitterquadrat aufstreichen kann. Wahlweise kann man selbst mit einem Bleistift oder Kugelschreiber Gitter auf die Membranen zeichnen.

6.16 Kommerziell erhältliche runde 90 mm-Membranen mit aufgedrucktem Gitter.
(Fotografie mit freundlicher Genehmigung von Amersham International plc)

Da eine unspezifische Hintergrundhybridisierung an bakterielle Kolonien sich als Problem herausstellen kann, zieht man, wenn möglich, eine positive und eine negative Kontrolle hinzu. Als positive

Kontrolle könnte man beispielsweise *E. coli* verwenden, welche das rekombinierte Plasmid enthalten, von dem die Sonde stammt. Als negative Kontrolle eignen sich *E. coli*, die nur den Plasmid-Vektor enthalten.

Nach dem Plattieren inkubiert man die Schalen mit dem Deckel nach unten liegend über Nacht bei 37 °C, damit sich die Kolonien ausbilden können.

6.3.2 Herstellung von Replikamembranen

Herstellen der ersten Replikamembran

Zunächst zieht man vorsichtig die Originalmembran von der Platte und legt sie mit den Kolonien nach oben auf einen Bogen Frischhaltefolie. Mit einem weichen Bleistift beschriftet man eine frische Membran und legt sie vorsichtig auf die Originalmembran. Ein Verschieben der Membranen muß vermieden werden, sobald sie miteinander in Kontakt gekommen sind. Als nächstes drückt man die Membranen fest aufeinander, um einen effizienten Transfer der Bakterien zu gewährleisten. Einige Laboratorien haben hierfür eine ausgefallene, speziell für diesen Zweck hergestellte, samtweiche Vorrichtung zur Herstellung von Replika. Wir hingegen legen einen Bogen Frischhaltefolie auf die beiden Membranen, legen eine Glasplatte darauf und drücken fest darauf.

Sollte eine Seite der Membran DNA vorzugsweise binden, sollte sie nach unten zeigen, um in Kontakt mit den Kolonien auf der Originalmembran zu treten.

Zur späteren Orientierung durchbohrt man die Membranen mit einer Nadel der Stärke 18 an mehreren Stellen in einer asymmetrischen Anordnung (Abbildung 6.17). Schließlich zieht man die Membranen vorsichtig auseinander und legt sie mit den Kolonien nach oben auf zwei frische Grundagarplatten mit dem entsprechenden Antibiotikum.

Damit die Nadel leichter eindringen kann, kann man die Membranen auf Styropor legen (Abbildung 6.17).

6.17 Einstechen von Orientierungsmarkierungen mit einer Injektionsnadel der Stärke 18 in Grunstein-Hogness-Membranen.
Die zwei aufeinander gelegten Membranen legt man auf einen frischen Bogen Frischhaltefolie, der auf Styropor liegt.

Herstellen der zweiten Replikamembran

Direkt nach dem Erstellen der ersten Replikamembran sehen die Kolonien auf der Originalmembran sehr flach aus. Nach einer mehrstündigen Inkubation bei 37 °C sind die Kolonien wieder etwas größer geworden und sehen runder aus. An diesem Punkt verwendet man die Originalmembran erneut, um die zweite Replikamembran herzustellen. Dabei verfährt man so wie bei der Herstellung der ersten Replikamembran. Zur Orientierung sticht man auch in die zweite Replikamembran Löcher, und zwar an denselben Positionen, wie sie bereits auf der Originalmembran vorliegen. Nachdem man die Originalmembran und die zweite Replikamembran auseinandergezogen hat, legt man sie auf zwei frische Grundagarplatten mit dem geeigneten Antibiotikum und inkubiert sie für ein paar weitere Stunden bei 37 °C.

Sobald Kolonien auf den beiden Replikamembranen zu sehen sind, kann man sie screenen, wie in Abschnitt 6.3.3 beschrieben.

Was geschieht mit der Originalmembran, während man die Replikamembranen screent?

Möchte man innerhalb von ein paar Tagen Kolonien isolieren, beläßt man die Originalmembran auf der letzten Grundagarplatte, wickelt die Platte in Frischhaltefolie ein und lagert sie mit dem Deckel nach unten im Kühlschrank oder im Kühlraum.

Möchte man aber die Originalmembran für einen längeren Zeitraum lagern, weil man die Replikamembranen zum Beispiel mit verschiedenen Sonden screenen möchte oder weil die Originalmembran eine wertvolle Bibliothek trägt, muß man sie bei –70 °C lagern, um die Lebensfähigkeit der Bakterien zu erhalten. In diesem Fall legt man die Originalmembran mit den Kolonien nach oben auf eine frische Agarplatte, die das geeignete Antibiotikum und 25 Prozent (v/v) Glycerin enthält, und inkubiert sie für eine Stunde bei 37 °C. Die Platte dichtet man mit Parafilm ab, wickelt sie in eine Plastiktüte und lagert das Ganze mit dem Deckel nach unten bei –70 °C. Wahlweise kann man die Originalmembran auch von der Platte nehmen und mit einer neuen Membran zusammenlegen (die Bakterien liegen nun zwischen den beiden Membranen). Anschließend legt man beide Membranen zwischen vier Bögen Whatman-3MM-Filterpapier, getränkt mit Nährmedium/25 Prozent (v/v) Glycerin, verschließt dies in einer Plastiktüte und lagert es bei –70 °C.

Bakterien bleiben in Gegenwart von Glycerin bei –70 °C unbegrenzt lebensfähig.

Wenn man die Originalmembran wieder verwenden möchte, taut man sie bei Raumtemperatur auf. Anschließend kann man die Kolonien isolieren oder neue Replikamembranen, wie oben beschrieben, von ihr abziehen.

6.3.3 Behandlung der Membranen vor der Hybridisierung

Die Membranen werden der Reihe nach mit Denaturierungslösung, Neutralisierungslösung und $2 \times$ SSC behandelt. Danach wird die Plasmid/Cosmid-DNA an die Membran fixiert. Das Verfahren ähnelt sehr dem Benton-Davis-Screening (Abschnitt 6.1.3), man *muß* aber darauf achten, daß die Seite der Membran mit den Kolonien während der Denaturierung und Neutralisierung nicht naß wird. Wenn das passiert, kann es vorkommen, daß die Kolonien ineinander laufen. Das Ergebnis wären diffuse, schwache und schlierige Hybridisierungssignale.

Der Denaturierungsschritt bricht die *E. coli*-Zellen auf und denaturiert die dort vorhandene DNA. Für diesen Schritt legt man ein Stück Frischhaltefolie auf den Arbeitsplatz und gießt etwas Denaturierungslösung in die Mitte (Abbildung 6.18 a). Die Membran legt man so auf die Lösung, daß die Unterseite komplett benetzt wird, aber ohne das Luftblasen entstehen. Dagegen ist darauf zu achten, daß die Oberseite, auf der sich die Kolonien befinden, nicht naß wird (Abbildung 6.18). Nach zweiminütiger Einwirkzeit hebt man die Membran vorsichtig ab und legt sie – wiederum mit den Kolonien nach oben – auf einen Bogen trockenes Filterpapier, damit sie trocknen kann. Schließlich wiederholt man den Vorgang mit frischer Denaturierungslösung.

Die Denaturierungslösung setzt sich typischerweise aus 0,4 M NaOH, 1,5 M NaCl zusammen.

Ist die Menge an Flüssigkeit zu klein, wird die Membran nicht vollständig feucht. Ist sie dagegen zu groß, fließt sie auf die Membran. Wir nehmen für eine runde 90 mm-Membran etwa 0,5 ml und entsprechend mehr für größere Membranen.

Nach dem Denaturierungsschritt sollte man die Membran neutralisieren. Hierzu wiederholt man den eben beschriebenen Vorgang zweimal mit Neutralisierungslösung.

Die Neutralisierungslösung besteht typischerweise aus 1,5 M NaCl, 0,5 M Tris-HCl, pH 7,4.

Am Ende tränkt man die Membran mit $2 \times$ SSC. In diesem Stadium kann man die Membran in die Flüssigkeit eintauchen, weshalb wir sie in ein Bad mit $2 \times$ SSC legen. Dabei streicht man sachte mit einem Finger (Handschuhe tragen!) oder mit Gewebepapier über die Membranoberfläche, um die Reste der Bakterienkolonien zu entfernen. Dies führt zu keiner signifikanten Abnahme der Qualität der Hybridisierungssignale, verringert aber deutlich die unspezifische Bindung der Sonde. Nach sorgfältigem Spülen in $2 \times$ SSC, um Bakterienreste (und kleine Stücke von Gewebepapier!) zu entfernen, fixiert man die DNA an die Membran, wie in Kapitel 3, Abschnitt 3.1.5 beschrieben.

Überraschenderweise scheint das Spülen mit $2 \times$ SSC nicht die DNA zu verschmieren.

Manche geben SDS und Proteinase K in die Waschlösung, was aber nicht notwendig ist.

Die Membranen kann man sofort hybridisieren oder, wie in Kapitel 3, Abschnitt 3.1.6 beschrieben, lagern.

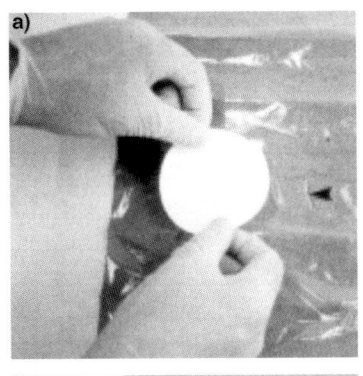

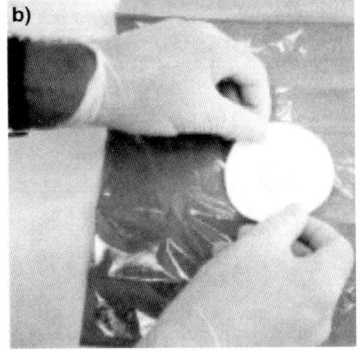

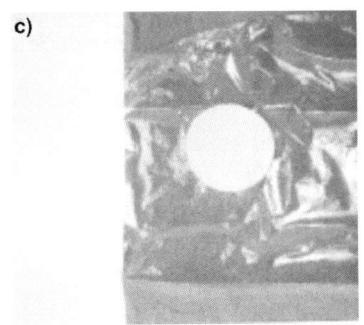

6.18 Behandeln der Grunstein-Hogness-Membran mit Denaturierungs- und Neutralisierungslösungen.
Die Lösungen dürfen nicht auf die Membranoberfläche gelangen. a) Die Membran wird auf etwas Lösung (Pfeil) auf Frischhaltefolie herabgesenkt. b) Man läßt der Membran genügend Zeit, sich von der Mitte nach außen anzufeuchten. c) Die Membran bleibt zwei Minuten auf der Flüssigkeit liegen, bevor man sie vorsichtig abhebt.

6.3.4 Eine weitere kurze Anmerkung über Hybridisierungssonden

Wie beim Benton-Davis-Screening ist es wichtig, daß die Sonde keine Sequenzen enthält, die homolog zum Vektor sind, der zur Konstruktion der Bibliothek verwendet wurde. Handelt es sich bei der Sonde um ein DNA-Fragment, daß man durch einen Restriktionsverdau aus einem Plasmid-Vektor herausgeschnitten hat, enthalten der Vektor und die Vektor-DNA auf der Membran wahrscheinlich größere homologe Bereiche. Außerdem muß man ganz besonders aufpassen, daß man die Kontamination der Sonde mit dem Vektor auf ein Minimum herabsetzt. Wir führen daher routinemäßig die Reinigung des Inserts über zwei Agarosegele durch. Sind Insert und Vektor ähnlich lang, kann es schwierig werden, das Insert ohne eine Kontamination aufzureinigen. In solchen Fällen sollte man sich überlegen, das Insert in kleinere Fragmente zu schneiden, die man in einer Elektrophorese einfach vom Vektor trennen kann. Ein Fragment oder eine Mischung der Fragmente kann man anschließend markieren und als Sonde einsetzen. Es lohnt sich, die Zeit zu investieren und mit der gereinigten und markierten Sonde einen Southern-Blot mit dem verdauten Plasmid, aus dem die Sonde stammt, zu hybridisieren und so zu kontrollieren, ob signifikante Hintergrund-Hybridisierung mit den Vektorsequenzen stattfindet.

6.3.5 Orientierung der Membranen und Röntgenfilme zueinander vor der Autoradiographie

Wie beim Benton-Davis-Screening ist es von elementarer Bedeutung, die exakte Lage der Membranen bezüglich des Röntgenfilmes zu kennen. Dazu wendet man eine der Methoden an, die wir in Abschnitt 6.1.5 vorgestellt haben.

Nach der Autoradiographie sieht man Hybridisierungssignale. Auch hier gilt: Das wichtigste Kriterium für die Echtheit eines Signals ist, daß man ein Signal an der gleichen Position auf der zweiten Replikamembran findet. Hybridisierungssignale von Bakterienkolonien haben manchmal einen „Kometenschweif", doch der ist weniger charakteristisch, als bei Hybridisierungssignalen von λ-Plaques. Die Abbildungen 6.19, 6.20 und 6.21 zeigen Beispiele für Hybridisierungssignale, die man mit dem Grunstein-Hogness-Screening erhält.

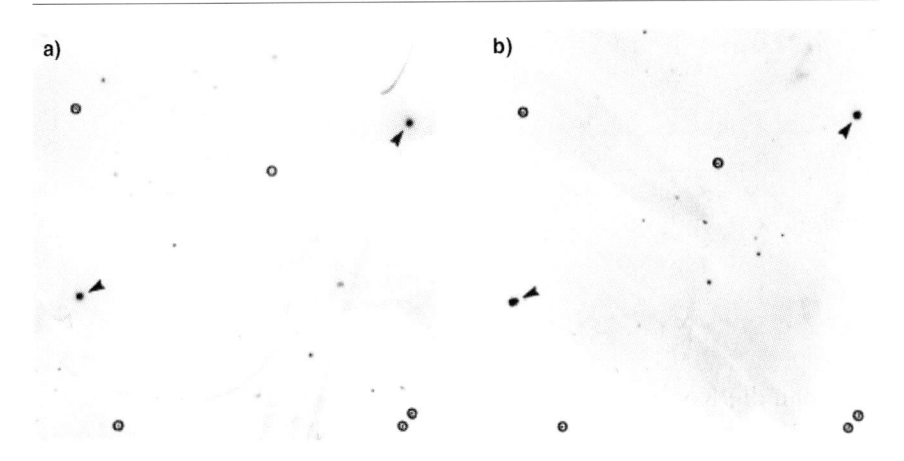

6.19 Eine Grunstein-Hogness-Membran mit hoher Bakteriendichte.
250 000 genomische Cosmid-Klone wurden auf eine 20 × 20 cm-Schale ausplattiert. Membran-Replika (a und b) wurden mit einer c-*fgr*-cDNA-Sonde hybridisiert. Es konnte gezeigt werden, daß die zwei starken Doppelsignale (Pfeile) den genomischen Klonen von c-*fgr* entsprachen (Patel *et al.* 1990). Die schwächeren Signale sind keine Doppelsignale. Die Orientierungsmarkierungen sind eingekreist.

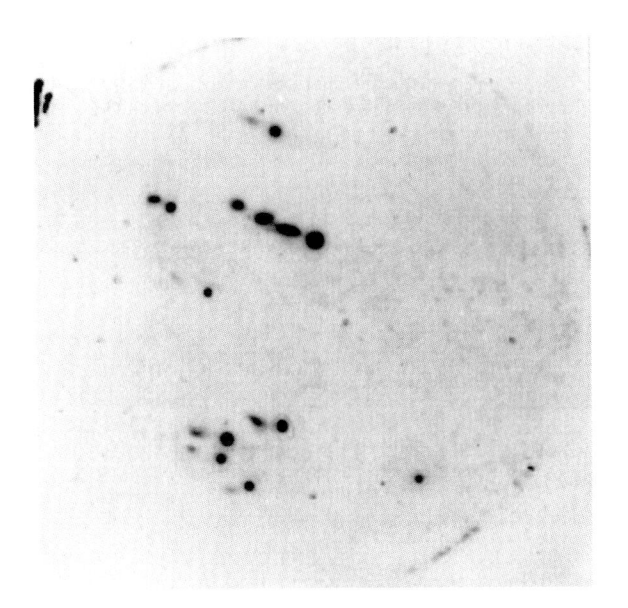

6.20 Eine Grunstein-Hogness-Membran mit niedriger Bakteriendichte.
Hier gibt es mehrere starke Signale. Alle waren auch auf dem Duplikat zu sehen. Die Hybridisierung an andere Kolonien ist sehr schwach.

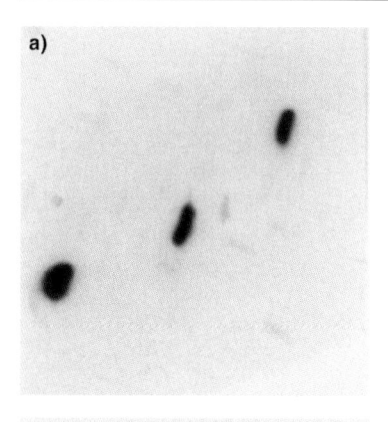

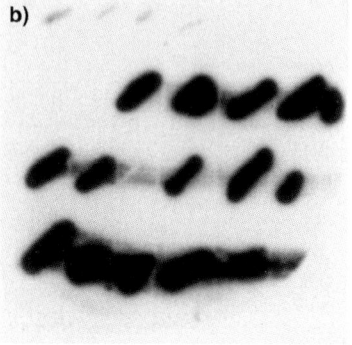

6.21 Grunstein-Hogness-Screening von Membranen, auf denen man die Kolonien in die Raster aufgestrichen hat.
Hybridisierende und nicht hybridisierende Kolonien sind leicht voneinander zu unterscheiden, sogar in b), bei der Kolonien ineinander gelaufen sind und der Film überexponiert ist. Auf der Membran gibt es keine Orientierungsmarken, aber die Anordnung der Kolonien war asymmetrisch, weshalb man die Autoradiogramme mit der Originalmembran zur Deckung bringen konnte.

6.3.6 Isolierung von Kolonien

Hat man auf einem Röntgenfilm ein positives Signal identifiziert, legt man den Film auf einen Leuchtkasten und legt ihm einen Bogen Frischhaltefolie auf. Auf die Frischhaltefolie legt man die Originalmembran und bringt ihre Orientierungsmarkierungen mit denen auf dem Film zur Deckung. Die Hybridisierungssignale sollten durch die Membran hindurch zu sehen sein. Ist man mit der Ausrichtung von Membran und Film zufrieden, isoliert man die Kolonie/Kolonien, die direkt über dem Hybridisierungssignal liegen, indem man sie mit einem sterilen Zahnstocher abkratzt und in ein kleines Röhrchen mit 1 ml Nährmedium überführt. Kann man keine einzelne Kolonie isolieren, muß man weitere Grunstein-Hogness-Screening-Runden durchführen und dabei die Anmerkungen in Abschnitt 6.1.8 beachten.

Kann man die Signale nicht durch die Membran hindurch sehen, weil sie zu schwach sind, markiert man ihre Positionen auf dem Film mit einem schwarzen Markierungsstift.

6.4 Weitere Literatur

Berger, S. L., Kimmel, A. R. (Hrsg.) (1987). Selection of clones from libraries. *Methods in Enzymology*, 152, 393–504.

Perbal, B. (1988). *A practical guide to molecular cloning* (2. Auflage), S. 510–515; 421–423. Wiley, New York.

Sambrook, J., Fritsch, E. F., Maniatis, T. (1989). *Molecular Cloning: a laboratory manual* (2. Auflage), Bd. 1, S. 2.3–2.63; 2.108–2.121; 1.90–1.104. Cold Spring Harbor Laboratory Press.

6.5 Referenzen

Benton, W. D., Davis, R. W. (1977). Screening λgt recombinant clones by hybridization to single plaques in situ. *Science*, 196, 180–182.

Cowell, I. G., Hurst, H. C. (1993). Cloning transcription factors from a cDNA expression library. *Transcription factors: A practical approach* (D. S. Latchman, Hrsg.), S. 105–123, IRL Press at Oxford University Press, Oxford.

Frischauf, A.-M., Lehrach, H., Poustka, A., Murray, N. M. (1983). Lambda replacement vectors carrying polylinker sequences. *Journal of Molecular Biology*, 170, 827–842.

Grunstein, M., Hogness, D. S. (1975). Colony hybridization: a method for the isolation of cloned DNAs that contain a specific gene. *Proceedings of the National Academy of Sciences, USA*, 72, 3961–3965.

Helfman, D. M., Hughes, S. H. (1987). Use of antibodies to screen cDNA expression libraries prepared in plasmid vectors. *Methods in Enzymology*, 152, 451–457.

Huynh, T. V., Young, R. A., Davis, R. W. (1984). Constructing and screening cDNA libraries in λgt10 and λgt11. *DNA cloning: A practical approach* (D. M. Glover, Hrsg.), S. 49–78, IRL Press at Oxford University Press, Oxford.

Mierendorf, R. C., Percy, C., Young, R. A. (1987). Gene isolation by screening λgt11 libraries with antibodies. *Methods in Enzymology*, 152, 458–469.

Patel, M., Leevers, S., Brickell, P. M. (1990). Structure of the complete human c-*fgr* proto-oncogene and identification of multiple transcriptional start sites. *Oncogene*, 5, 201–206.

Short, J. M., Sorge, J. A. (1992). *In vivo* excision properties of bacteriophage λZAP expression vectors. *Methods in Enzymology*, 216, 495–508.

7.
Filter und Membranen

In der Zeit, in der das Southern-Blotting gerade erst entwickelt war, transferierte man die DNA auf Nitrocellulosefilter (Southern 1975). RNA schien nicht so effizient an Nitrocellulosefilter zu binden, und so hat man die RNA in den ersten Northern-Blots auf DBM-Papier übertragen (Alwine *et al.* 1977), wobei die Nucleinsäuren kovalent an reaktive Diazogruppen gebunden wurden. Und tatsächlich hat man daraufhin das DBM-Papier auch sehr oft für das Southern-Blotting verwendet, da damit die Bindung von kurzen DNA-Fragmenten effizienter erfolgte als mit Nitrocellulosefiltern. Jedoch war die Methode zur Diazotierung ziemlich aufwendig, und da die reaktiven Gruppen eine kurze Halbwertszeit hatten, mußte man das diazotierte Papier direkt vor dem Gebrauch herstellen. Die Situation verbesserte sich, als man das *o*-Aminophenylthioether-gekoppelte Filterpapier (APT-Papier) entwickelte (Seed 1982). Dies war leichter herzustellen und stabiler als DBM-Papier. Der Einsatz von derivatisiertem Papier wurde jedoch zum größten Teil eingestellt, nachdem Nitrocellulosefilter mit hoher Bindungskapazität für DNA und RNA auf den Markt kamen.

Der Gebrauch von Nitrocellulosefiltern ist, wie wir unten beschreiben werden, allerdings mit Problemen verbunden. Zu deren Lösung haben einige Anbieter Membranen aus Nylon entwickelt. Einige der gebräuchlichsten Nitrocellulosefilter und Nylonmembranen haben wir in Tabelle 7.1 zusammengestellt. Wo liegen die Unterschiede zwischen diesen Produkten?

- Sowohl Nitrocellulosefilter als auch Nylonmembranen bekommt man in einer *trägerfreien* Form, bei der das aktive Substrat als reines gegossenes Blatt vorliegt, und in einer *trägerbeschichteten* Form, bei der das aktive Substrat auf ein Blatt, bestehend aus einem inerten Material, aufgegossen ist.

- Nylonmembranen können eine *ungeladene* oder eine *positiv geladene* Oberfläche besitzen. Einige, aber nicht alle Hersteller behaupten, daß ihre geladenen Membranen eine größere Bindungskapazität für Nucleinsäuren haben als die ungeladenen.
- Nylonmembranen verschiedener Firmen unterscheiden sich in der Struktur des Nylongewebes und in der Methode, mit der sie beladen werden.

Tabelle 7.1: Einige kommerziell erhältliche Nylonmembranen und Nitrocellulosefilter, die für das Blotten entwickelt wurden*

Name	Art	Anbieter
Biodyne	Nylon	Pall Ultrafine Filtration Corporation
Biotrans	ungeladenes Nylon auf Träger	ICN Biomedicals Inc
Biotrans+	positiv geladenes Nylon auf Träger	ICN Biomedicals Inc
Duralon-UV	ungeladenes Nylon	Stratagene Cloning Systems
Duralose-UV	Nitrocellulose auf Träger	Stratagene Cloning Systems
GeneBind	positiv geladenes Nylon	Pharmacia Biotech Limited
GeneScreen	ungeladenes Nylon auf Träger	Du Pont (UK) Limited
GeneScreen*Plus*	positiv geladenes Nylon auf Träger	Du Pont (UK) Limited
Hybond-N	ungeladenes Nylon auf Träger	Amersham International plc
Hybond-N+	positiv geladenes Nylon auf Träger	Amersham International plc
Hybond-C	Nitrocellulose ohne Träger	Amersham International plc
Hybond-C extra	Nitrocellulose auf Träger	Amersham International plc
Hybond-C super	Nitrocellulose auf Träger optimiert für Western-Blotting	Amersham International plc
Hybond-ECL	Nitrocellulose ohne Träger optimiert für ECL-Nachweis	Amersham International plc
OptiBLOT	positiv geladenes Nylon	International Biotechnologies
Zeta-Probe	positiv geladenes Nylon	Bio-Rad Laboratories Limited

* Die Liste ist nicht vollständig. Sie ist in alphabetischer und nicht in der Reihenfolge ihrer Bevorzugung. Einige Hersteller bieten die Membranen mit verschiedenen Porengrößen an und empfehlen für jedes Produkt spezielle Anwendungsbereiche. Man beachte, daß GeneScreen *Plus* früher so hergestellt wurde, daß nur eine Seite Nucleinsäuren mit weitaus höherer Effizienz gebunden hat als die andere. Das ist nicht länger der Fall. Beide Seiten arbeiten jetzt gleich gut.

7.1 Die Vor- und Nachteile von Nitrocellulosefiltern und Nylonmembranen

Die ersten Nylonmembranen, die Mitte der 80er-Jahre entwickelt wurden, waren von unterschiedlicher Qualität, und noch 1987 haben Laborhandbücher behauptet, daß man bevorzugt Nitrocellulosefilter zum Southern- und Northern-Blotting verwenden solle. Jedoch sind die jetzt erhältlichen Nylonmembranen den Nitrocellulosefiltern in vielerlei Hinsicht überlegen, und wir empfehlen deren Verwendung *vorbehaltlos*. Wir werden nun die Gründe dafür vorstellen.

7.1.1 Nylonmembranen sind physikalisch stabil

Nylonmembranen sind äußerst stabil. Es ist fast unmöglich, sie zu zerreißen. Dagegen sind Nitrocellulosefilter sehr zerbrechlich und können leicht reißen. Außerdem werden sie nach Behandlung mit Alkali (wie beispielsweise in Koloniehybridisierungsexperimenten) oder nach einer Inkubation bei hohen Temperaturen, wie bei einer Hybridisierung, sogar noch brüchiger. Das Arbeiten mit Nitrocellulosefiltern ist dadurch erschwert. Zusätzlich kann man sie auch nur einmal zuverlässig hybridisieren. Im Gegensatz dazu kann man Nylonmembranen nacheinander mit vielen verschiedenen Sonden hybridisieren, ohne daß sie in Stücke zerfallen. Das ist besonders sinnvoll, wenn die Membran wertvolle Nucleinsäure-Proben trägt. Überdies spart man viel Zeit.

7.1.2 DNA und RNA binden kovalent an Nylonmembranen

Die Art der Wechselwirkung zwischen Nucleinsäuren und Nitrocellulose ist nicht bekannt, aber man vermutet, daß sie nicht kovalent erfolgt. Dagegen kann man Nucleinsäuren durch UV-Strahlung, oder in einigen Fällen auch nur einfach durch Trocknen, kovalent auf Nylonmembranen quervernetzen. Das bedeutet, daß Nucleinsäuren über viele nacheinander durchgeführte Hybridisierungszyklen hinweg an die Nylonmembran gekoppelt bleiben.

7.1.3 Nylonmembranen haben eine hohe Bindungskapazität für Nucleinsäuren

Nylonmembranen haben eine größere Bindungskapazität für Nucleinsäuren als Nitrocellulosefilter. Typische Bindungskapazitäten sind 480–600 μg DNA/cm^2 für die Nylonmembran Hybond-N und 80–100 μg/cm^2 für das Nitrocellulosefilter Hybond-C (Tabelle 7.1).

7.1.4 Nylonmembranen sind hydrophil

Nitrocellulosefilter sind hydrophob. Bevor man sie verwenden kann, muß man sie vorsichtig auf Wasser schwimmen lassen, damit sie durch Kapillarwirkung vollständig anfeuchten. Vergißt man das oder wirft man das trockene Filter einfach ins Wasser, verfängt sich Luft in den Poren, was einen ineffizienten und ungleichmäßigen Transfer nach sich zieht. Nitrocellulosefilter sollten nicht in einer Transferlösung wie etwa 20 × SSC angefeuchtet werden, da diese Lösungen die Nitrocellulosefilter nicht effizient benetzen. Macht man Kolonie- oder Plaqueabdrücke (Kapitel 6), sollte man die Nitrocellulosefilter trocken verwenden, da die durch feuchte Filter übertragene Flüssigkeit die Kolonien/Plaques ineinander laufen läßt. Nitrocellulosefilter muß man daher äußerst vorsichtig auf die Agaroseplatten auflegen, damit sie vollständig und gleichmäßig durch das Wasser in der Topagarose benetzt werden. Darüber hinaus haben Nitrocellulosefilter aufgrund der Hydrophobizität die Tendenz zu verrutschen, wenn man sie auf die Topagarose gelegt hat. Das verringert die Genauigkeit, mit der man hybridisierende Kolonien/Plaques später auf der Bakterienplatte auffinden kann. Dagegen sind Nylonmembranen hydrophil. Sie müssen vor Gebrauch nicht angefeuchtet werden und sind für das Herstellen von Kolonie/Plaqueabdrücken einfach zu handhaben.

7.1.5 Nylonmembranen behalten bei hohen Temperaturen ihre Größe und Form

Inkubiert man Nitrocellulosefilter bei hohen Temperaturen, wie etwa während der Hybridisierung und des Waschvorgangs, neigen sie dazu, sich zu verziehen. Dies kann eine Lokalisierung hybridisierender Plaques oder Bakterienkolonien beim Screenen einer Bibliothek erschweren. Nylonmembranen sind diesbezüglich nicht anfällig.

7.1.6 Nylonmembranen sind nicht entflammbar

Nitrocellulosefilter sind leicht entflammbar. Wenn man Nitrocellulosefilter in einem Plastiksack hybridisieren möchte, der mit einem Einschweißgerät versiegelt wird, muß man sehr vorsichtig sein und einen Kontakt zwischen Heizdrähten und Filter vermeiden. Einer von uns hat das einmal versehentlich getan. Ein Stapel von zehn wertvollen Filtern entzündete sich mit einem leuchtend orangefarbenen Blitz und verdampfte. Zurück blieb ein offensichtlich leerer Plastiksack. Das war ein eindrucksvolles Schauspiel, aber höchst bestürzend und möglicherweise gefährlich. Also sollte man dies vermeiden. Soweit wir wissen, sind Nylonmembranen unter normalen experimentellen Bedingungen nicht entflammbar.

7.1.7 Nylonmembranen benötigen keine Lösungen mit hoher Ionenstärke, um Nucleinsäuren effizient zu binden

Nitrocellulosefilter binden Nucleinsäuren nur in Lösungen mit hoher Ionenstärke, während Nylonmembranen Nucleinsäuren sowohl in Lösungen mit hoher als auch mit niedriger Ionenstärke gleich gut binden. Aus Gründen, die wir in Kapitel 3, Abschnitt 3.4.1 behandelt haben, heißt das, daß sich die Nylonmembranen im Gegensatz zu den Nitrocellulosefiltern auch für das Elektroblotting eignen.

7.1.8 Nylonmembranen können einen stärkeren Hintergrund liefern als Nitrocellulosefilter, aber das kann man leicht beheben

Der einzige große Nachteil von Nylonmembranen ist, daß sie dazu neigen, mehr Sonde unspezifisch zu binden als Nitrocellulosefilter. Dies merkt man insbesondere bei RNA-Sonden. Das Problem hat sich jedoch verringert, da man die Qualität der Nylonmembranen über die Jahre ständig verbessert hat. Außerdem kann man starke Hintergrundsignale durch sorgfältige Anwendung von Blockierungsreagenzien während der Prähybridisierung und Hybridisierung unterdrücken.

7.1.9 Nylonmembranen sind manchmal „einseitig"

Als ein triviales Problem bei der Verwendung von einigen, aber nicht allen Nylonmembranen erweist sich die Tatsache, daß die beiden Oberflächen nicht im gleichen Maße Nucleinsäuren binden können. Deshalb sollte man die Gebrauchsanweisungen der Hersteller sorgfältig beachten, um die richtige Seite auf das Gel oder die Bakterienplatte aufzulegen.

7.1.10 Nylonmembranen und Nitrocellulosefilter muß man vorsichtig behandeln

Sowohl Nylonmembranen als auch Nitrocellulosefilter muß man behutsam behandeln. Fett von den Fingern oder Schmutzpartikel können die Effizienz, mit der Nucleinsäuren auf Membranen/Filter transferieren und binden, verringern und die unspezifische Bindung der Sonde bei der Hybridisierung erhöhen. Wenn man mit Membranen/Filtern hantiert, muß man *immer* Einmalhandschuhe tragen. Während des Schneidens und der Vorbereitung der Membranen/Filter für das Blotten sollte man sie *immer* zwischen den Schutzblättern lassen, in denen sie der Hersteller liefert. Manche manövrieren die Membranen/Filter mit stumpfen Pinzetten, wir aber bevorzugen es, sie mit Handschuhen an den Kanten zu fassen.

7.2 Welche Membran sollte man verwenden?

Aus den eben beschriebenen Schilderungen sollte ersichtlich sein, daß wir wärmstens empfehlen, für alle in diesem Buch vorgestellten Verfahren besser Nylonmembranen als Nitrocellulosefilter zu verwenden. Oder waren wir vielleicht zu subtil? Nitrocellulosefilter sollte man insbesondere dann nicht verwenden, wenn man Bibliotheken mittels Hybridisierung screenen möchte. Wir verwenden Nitrocellulosefilter nur zum Western-Blotting von Proteinen oder zum Screenen von Bibliotheken mit Antiseren.

Die Wahl der Nylonmembran ist hauptsächlich dem persönlichen Geschmack überlassen. Wir haben alle Membranen, die wir in Tabelle

7.1 zusammengestellt haben, mit Erfolg verwendet. Stacey und Jakobsen (1993) haben eine kontrollierte Studie von einigen der am meisten verwendeten Nylonmembranen durchgeführt, um die für DNA-Fingerprinting-Experimente am besten geeigneten zu bestimmen.

Welche Membran man auch immer wählt, wir empfehlen, für das Blotten, das Hybridisieren und das Waschen immer sorgfältig den Anweisungen des Herstellers zu folgen.

7.3 Referenzen

Alwine, J. C., Kemp, D. J., Stark, G. R. (1977). Method for detection of specific RNAs in agarose gels by transfer to diazobenzyloxymethyl-paper and hybridization with DNA probes. *Proceedings of the National Academy of Sciences, USA*, 74, 5350–5354.

Seed, B. (1982). Diazotizable arylamine cellulose paper – the coupling and hybridization of nucleic acids. *Nucleic Acids Research*, 10, 1799–1810.

Southern, E. M. (1975). Detection of specific sequences among DNA fragments separated by gel electrophoresis. *Journal of Molecular Biology*, 98, 503–517.

Stacey, J. E., Jakobsen, K. S. (1993). Testing of nylon membranes for DNA-fingerprinting with multilocus probes. *International Journal of Genome Research*, 2, 159–165.

Glossar

Agar Polymer aus Meeresalgen. Es wird als Matrix verwendet, um *E. coli* und andere Mikroorganismen zu kultivieren.

Agarose Polymer aus Meeresalgen. Reiner als Agar. Es wird als Matrix in Elektrophoresegelen verwendet.

Autoradiographie Verfahren zum Nachweis von radioaktiv markierten Molekülen durch Belichtung von Röntgenfilmen (fotografischen Filmen, die empfindlich gegen Röntgenstrahlen sind).

Bakteriophage λ Ein Virus, das *E. coli* infiziert. Normalerweise verwendet man es zur Herstellung von Genbibliotheken mit genomischen Fragmenten mittlerer Länge (15–20 kb).

Benton-Davis-Screening Verfahren zum Nachweis rekombinierter Bakteriophagen λ, die eine bestimmte klonierte DNA enthalten, mittels Hybridisierung mit einer markierten Sonde.

Cosmid Ein Plasmid-Vektor, der die Cos-Stelle des Bakteriophagen λ besitzt. Cosmide werden üblicherweise zur Konstruktion von Bibliotheken mit langen (35–40 kb) genomischen Fragmenten verwendet.

Denaturierung von Nucleinsäuren Trennung von zwei komplementären Nucleinsäure-Strängen durch Zerstörung der Wasserstoffbindungen, die die Basenpaare zusammen halten.

Depurinierung Verfahren zur Fragmentierung von langen DNA-Fragmenten nach der Gelelektrophorese, um die Übertragung aus dem Gel auf eine Membran zu erleichtern.

Desoxyribonuclease (DNase) Enzym, das DNA abbaut.

Dot-Blot Verfahren zur Aufbringung von Nucleinsäure auf eng begrenzte, punktförmige Bereiche auf einer Membran.

Duplex Doppelsträngiges Nucleinsäuremolekül.

Elektroblotting Verfahren zur Durchführung von Southern- und Northern-Blots, bei dem Nucleinsäuren durch Anlegen eines elektrischen Feldes aus dem Gel auf eine Membran transferiert werden.

Ethanolfällung Fällung von DNA oder RNA durch Zugabe von Ethanol und Salz. Wird vor allem zur Konzentration von Nucleinsäuren angewendet.

Ethidiumbromid Fluoreszierender Farbstoff, der an Nucleinsäuren bindet und sie dadurch im UV-Licht sichtbar macht.

Formaldehyd Chemikalie, die der Denaturierung von RNA-Molekülen während der Elektrophorese dient, um die Wanderung gemäß ihrer tatsächlichen Länge sicherzustellen.

Gelelektrophorese Verfahren zur Trennung von geladenen Molekülen anhand ihrer Länge, indem sie durch Anlegen eines elektrischen Feldes durch eine Matrix wandern.

Genom Vollständiger Satz an genetischem Material eines Organismus.

Genombibliothek Sammlung von klonierten DNA-Fragmenten, deren Gesamtheit das ganze Genom eines bestimmten Organismus repräsentiert.

Glyoxal Chemikalie, die der Denaturierung von RNA-Molekülen während der Elektrophorese dient, um die Wanderung gemäß ihrer tatsächlichen Länge sicherzustellen.

Grunstein-Hogness-Screening Verfahren zum Nachweis von *E. coli*-Kolonien, die rekombinierte Plasmide (oder Cosmide) mit einer bestimmten Insertion tragen, mittels Hybridisierung mit einer markierten Sonde.

Hybridisierung Bildung eines doppelsträngigen Nucleinsäuremoleküls durch Basenpaarung zwischen zwei komplementären Strängen.

Hybridisierungssonde Markiertes Nucleinsäuremolekül, das durch Bildung stabiler Basenpaar-Hybride zum Nachweis von komplementären Nucleinsäure-Sequenzen verwendet werden kann.

Kapillarblotting Ein Verfahren zur Durchführung des Southern- oder Northern-Blots, bei dem durch die Kapillarkräfte eine Lösung durch ein Gel gesaugt wird, wodurch die Nucleinsäuren im Flüssigkeitsstrom aus dem Gel befördert und auf eine Membran übertragen werden.

Klon Eine Population von genetisch identischen Zellen oder Molekülen, wie etwa *E. coli*, die identische rekombinierte Plasmide tragen, oder Bakteriophagen λ, die identische klonierte Fremd-DNA-Sequenzen besitzen.

Komplementäre Nucleinsäure-Sequenzen Zwei Nucleinsäure-Stränge, die über Wasserstoffbrückenbindungen zwischen den Basen ein doppelsträngiges Molekül bilden können.

Komplementär-DNA-(cDNA-)Bibliothek Eine Sammlung von Klonen mit einklonierten DNAs, die der Gesamtheit von mRNAs einer Zelle oder eines Gewebes entsprechen.

Nitrocellulosefilter Fester Träger zur Bindung von Nucleinsäuren in Blot-Verfahren. Meistens ist es günstiger, Nylonmembranen zu verwenden.

Northern-Blot Verfahren zur Übertragung von RNA aus einem Agarosegel auf einen festen Träger, wie etwa eine Nylonmembran oder ein Nitrocellulosefilter.

Nucleäre *run-on*-Sonde Markierte Sonde, die dadurch hergestellt wird, daß Kerne *in vitro* in Gegenwart von radioaktiven Nucleotiden Gene transkribieren. Sie dient zur Bestimmung der Transkriptionsrate.

Nylonmembran Fester Träger, der in Blotverfahren zur Bindung von Nucleinsäuren verwendet wird. Sie wird den Nitrocellulosefiltern meist vorgezogen.

Plaque Bereich von lysierten Zellen im *E. coli* -Rasen, der durch eine Infektion mit Bakteriophagen zustande kommt.

Plasmid Üblicherweise ein ringförmig geschlossenes, doppelsträngiges DNA-Molekül, das in *E. coli* replizieren kann. Es wird als Vehikel oder Vektor zur DNA-Klonierung verwendet.

Polymerase chain reaction **(PCR)** Methode zur Amplifikation eines spezifischen DNA-Stückes, ohne daß eine Klonierung notwendig wäre (Polymerase-Kettenreaktion).

Überdruckblotting Verfahren zur Durchführung eines Southern- oder Northern-Blots, bei dem durch Anlegen eines Überdrucks auf das Gel Nucleinsäuren aus dem Gel auf eine Membran transferiert werden.

Restriktionsendonuclease Enzym, das eine spezifische Nucleinsäure-Sequenz in einer doppelsträngigen DNA erkennt und die Spaltung des Zucker-Phosphat-Gerüstes beider Stränge katalysiert.

Ribonuclease (RNase) Enzym, das RNA abbaut.

Saugapparatur Teil einer Apparatur, die beim Dot-/Slot-Blotting eingesetzt wird (*Manifold*).

Slot-Blot Variante des Dot-Blots, bei der die Nucleinsäureproben in rechteckige Löcher gefüllt werden.

Southern-Blot Verfahren zur Übertragung von DNA aus einem Agarosegel auf einen festen Träger wie etwa eine Nylonmembran oder ein Nitrocellulosefilter.

UV-Durchlichtgerät UV-Lichtquelle, die zur Sichtbarmachung von ethidiumbromidgefärbten Nucleinsäuren verwendet wird.

Vakuumblotting Verfahren zur Durchführung eines Southern- oder Northern-Blots, bei dem durch Anlegen eines Vakuums unter dem Gel Nucleinsäuren aus dem Gel auf eine Membran gesaugt werden.

Vektor DNA-Molekül, das in einem Wirtsorganismus replizieren kann und in das DNA eines anderen Organismus eingefügt werden kann, so daß ein rekombiniertes DNA-Molekül entsteht.

Western-Blot Verfahren zur Übertragung von Proteinen aus einem Polyacrylamid-Gel auf einen festen Träger, wie etwa eine Nylonmembran oder ein Nitrocellulosefilter.

YAC-Vektor Vektor, der Strukturelemente eines Hefechromosoms enthält. Er wird für das Klonieren sehr langer (üblicherweise > 1Mb) genomischer DNA-Fragmente verwendet.

Index

A

Agarose 28, 37
  halbfeste 134
  niedrigschmelzende 37
Agarosegele 27 f, 34–38
  Apparatur 41–43, 47
  Auftragen der Proben 48–50
  Auftragspuffer 35
  Auftragstechnik 49 f
  Auftrennung von DNA-Fragmenten 37 f
  Auftrennungsvermögen 50 f
  Berechnung der benötigten Menge 43 f
  Elektrophorese 50 f, 105
  Elektrophoresepuffer 38 f
  Elektrophoresetank 47 f
  Herstellung 37, 40–47
  Interpretation 55
  Laufverhalten von Farbstoffen 34
  Vorbereiten für das Blotten 62–66
  Wanderungsverhalten der DNA 27 f
  Zusetzen von Ethidiumbromid 45 f
Alwine, J. C. 175
Auftragsmengen
  genomische DNA 30 f
  Plasmid-DNA 31 f
Auftragspuffer 35, 48, 102
Autoradiographie 153–156, 170–712
  Frischhaltefolie 154

B

Bakterien
  Isolierung 172 f
  Nährmedium 137
  Plattieren 163–165
Bakterienkolonien 161–167
Bakteriophagen λ, siehe λ-Partikel
Bakteriophagen-$E.$ $coli$-Mischung 142
Benton-Davis-Screening 134–160

Blot-Lösung, siehe Transferlösung
Blotting
  Dot-, siehe Dot-Blotting
  Dot/Slot, siehe Dot/Slot-Blotting
  Elektro-, siehe Elektroblotting
  Kapillar-, siehe Kapillarblotting
  Middle-Eastern- 22
  Slot-, siehe Slot-Blotting
  Southern-, siehe Southern-Blotting
  South-Western- 22
  Überdruck- 61, 82 f
  Vakuum- 61, 82 f
  Western- 22
Boten-RNA, siehe mRNA
Bromphenolblau 34, 51, 102

C

Chloroform 157
Cosmid-DNA 29, 33, 56

D

DBM-Papier 175
Denaturierung 15 f, 65
Denaturierungslösung 62, 65, 73, 152, 168
DEPC 89 f
Depurinierung 64 f
  partielle 63–65
Depurinierungslösung 62, 64
Dimethylsulfoxid (DMSO) 98, 124
Dissoziation, siehe Denaturierung
DMSO 98, 124
DNA
  λ- 29, 33, 58
  Auftragspuffer 48
  Cosmid- 29 f, 33, 56
  Denaturierung durch Hitze 123
  Denaturierung in Alkali 123
  Ethanolfällung 31

Fixierung an Membranen 74, 76, 153
   durch Trocknen 74, 76
   durch UV-Behandlung
   genomische 29–31, 55 f
   genomische, Wanderungsverhalten im Agarosegel 55 f
   klonierte 56–58
   Kontroll- 73
   Längenmarker 35–37
   Plasmid- 29, 31–34, 57
   Quellen 29–34
   Quervernetzung, siehe DNA, Fixierung
   Wanderungsgeschwindigkeit 28, 37, 50 f
   Wanderungsrichtung 50
   YAC- 33
DNA-Dot/Slot-Blot, siehe Dot/Slot-Blot
Dot/Slot-Blot
   DNA- 118–120
   RNA- 120
Dot/Slot-Blotting 115–131
   Auftragen der Probe 127
   Blotvorgang 127 f
   DNA-Probe 121–124
   DNA-Probe, einzelsträngig 123 f
   Durchführung 120–128
   Grenzen 130 f
   Herstellung der Probe 121–124
   Quantifizierung der Bindung 129 f
   RNA-Proben 124
   Untersuchen der Saugapparatur auf Fehler 126 f
   Verarbeitung der Membran 128
   Vorbehandlung der Membran 124 f
   Zusammenbau der Saugapparatur 125–127
Dot-Blotting 22
   Saugapparatur 115–117
   siehe auch Dot/Slot-Blotting
Duplex 16

E

EDTA 100
Elektroblot
   Apparatur 80 f
   Apparatur, halbtrockene 81 f
   Aufbau 80
Elektroblotting 61, 79–82
   Einsatzbereiche 79–81
Elektrophorese 50 f, 105
   mögliche Fehler 58
Elektrophoresepuffer 38 f

Elektrophoresetank 47 f
Ethidiumbromid 45–48, 52, 90, 110
   Laufverhalten 48
   Stammlösung 45

F

Farbstoffmarker 34 f, 105
Formaldehyd 98
   Dämpfe 100 f, 105
   Struktur 99
Formaldehydgele 99–105
   Auftragspuffer 102
   Blotting 111 f
   Elektrophorese 105
   Herstellung 99–101
   Herstellung, von RNA-Proben 101 f
   RNA-Auftragsmenge 103–105
Formamid 102
Fotografieren von Gelen 53 f
Frischhaltefolien bei der Autoradiographie 154

G

Gelelektrophorese, siehe Elektrophorese 50
genomische DNA 29–31, 55 f
   Auftragsmengen 30 f
Glycerin 167
Glyoxal 98, 105–108
   Struktur 106
Glyoxalgele 105–108
   Blotting 111 f
   Elektrophorese 107 f
   Herstellung 106
   Präparation der Proben 106–108
   Wechselwirkung mit Ethidiumbromid 110
Grunstein-Hogness-Methode 161–173

H

Hefechromosom, künstliches, siehe YAC
Hybrid-Duplex 16
Hybridisierung 16 f
Hybridisierungssignale, Identifizierung 155 f
Hybridisierungssonden 153, 170

K

Kapillarblot 78
   zweitseitig gerichteter, Aufbau 78

Index   191

siehe auch Southern-Blot
Kapillarblotting 61–79
　bei basischem pH 78 f
　bei neutralem pH 62–78
　einseitig gerichtetes 61–77
　zweiseitig gerichtetes 61, 77 f
Kapillarwirkung 63
klonierte DNA 56–58
Kolonie-Screening 133–173
Kontroll-DNA 73
künstliche Hefechromosomen, siehe YAC

L

Längenmarker 35–37, 108–111
　28S- und 18S-rRNA 109–111

M

Maniatis, T. 24
MEA-Puffer 99–101
Membranabdruck
　erster 147–150
　Herstellung 145–151
　zweiter 150 f
Membranen
　Behandlung mit 2 × SSC 152 f
　Behandlung vor der Hybridisierung 151–153, 167–169
　Denaturierung 151 f, 168 f
　Lagerung 76
　Neutralisierung 152, 168 f
　Präparation 66 f
　siehe auch Nylonmembranen
Middle-Eastern-Blotting 22
MOPS 99–101
mRNA 92–98
　polyadenylierte 92–95, 103 f

N

Nährmedium 137
　Zusammensetzung
Neutralisierung 65 f
Neutralisierungslösung 62, 66, 73, 152, 168
Nick-Translation 21
Nitrocellulosefilter 19 f, 62, 65, 74 f, 108, 175–181
　Bindungskapazität 121 f
　Vor- und Nachteile 177–180
Northern-Blot, Aussagekraft 90 f
Northern-Blotting 20 f, 87–112
　Vergleich mit Southern-Blotting 87–90
Nylonmembranen 19–21, 62, 65, 74 f, 79, 175–181
　Bindungskapazität 121
　Vor- und Nachteile 177–180

O

Oligonucleotidprimer 34
Originalmembran 162

P

λ-Partikel 133–161
　Titerbestimmung 161
PCR-DNA-Produkte 30, 34
PFGE, Pulsfeld-Gelelektrophorese 33
λ-Phagen, Plattieren 135–145
Plaques 134
λ-Plaques
　Isolierung 157–159
　Screening 134–160
Plaque-Screening 133–173
Plasmid-DNA 29, 31–34, 56–58
　Auftragsmengen 31 f
　Laufverhalten im Agarosegel 56–58
　rekombinierte 161
Platten, Lagerung 151
Plattieren
　Durchführung 142–145
　Grundagar 137–139
　Inkubation der Platten 144 f
　Petrischalen 135–137
　Topagarose 134 f, 139 f, 142 f
　von λ-Phagen 135–145
　von Bakterien 163–165
　von Zellen 140 f
Polyacrylamidgel 81
polyadenylierte mRNA 92–95, 130 f
Pulsfeld-Gelelektrophorese 33

R

Random-Priming 21
Reassoziation, siehe Renaturierung 16
Renaturierung 15 f
Replikamembranen 134, 162
　Herstellung 165–167
Restriktionsverdau 20
RNA 87–95
　Elektrophorese 87–112
　Formaldehydgele 99–105

siehe auch Formaldehydgele
  Gelsysteme 98–108
  intermolekulare Basenpaarung 88
  intramolekulare Basenpaarung 88
  Laufverhalten in Formaldehydgelen 109
  Überprüfung der Qualität 94 f
  Unterschiede zur DNA 87–90
  Wanderungsrichtung 50
  Wanderungsverhalten 88
  Wichtiges beim Auftauen 105 f
RNA-Arten in einer eukaryontischen Zelle, Häufigkeit 103
RNA-Dot/Slot-Blot 120
RNA-Glyoxalgele, siehe Glyoxalgele
RNA-Quantifizierung 96–98
  mittels Phosphorimager 97 f
  mittels Scanning-Densitometrie 96 f
  mittels Szintillationszählung 96
RNasen 88 f
Röntgenfilm 153, 170
  Ausrichtung 155
  Belichtungszeit 97
  linearer Bereich 97

S

Sambrook, J. 140
Scanning-Densitometrie 130
Screening
  Kolonie- 133–173
  Plaque- 133–173
  von λ-Plaques 134–160
  von rekombinierten Plasmiden 161–173
Slot-Blotting 22
  Saugapparatur 116 f
  siehe auch Dot/Slot-Blotting
SM-Puffer 141
Southern, E. M. 18, 27, 175
Southern-Blot 19
  Abbau 72 f
  Aufbau 66–72
  Bestandteile 66, 68 f
Southern-Blotting 18–20, 27–58, 61–84

South-Western-Blotting 22
SSC, 2 × 72 f, 153
SSC, 10 × 67 f
SSC, 20 × 67 f, 110
SSPE, 20 × 68

T

TAE 39, 44, 47
TBE 39, 47
Topagarose, siehe Plattieren
Transfereffizienz, Indizien 73
Transferlösung 67–69
  alkalische 78 f

U

Überdruckblot-Apparatur 83
Überdruckblotting 61, 82 f
UV-Durchlichtgerät 52
UV-Licht 52 f
  Sicherheitsvorkehrungen 53
  Wellenlängen 52

V

Vakuumblot-Apparatur 83
Vakuumblotting 61, 82 f

W

Western-Blotting 22

X

Xylencyanol-FF 34, 102

Y

YAC (*Yeast artificial chromosome*) 30
YAC-DNA 33